有趣的化学基础百科

元素周期表

THE PERIODIC TABLE

［美］贝姬·哈姆　著

侯新鹏　译

上海科学技术文献出版社

Shanghai Scientific and Technological Literature Press

图书在版编目（CIP）数据

元素周期表 /（美）贝姬·哈姆著；侯新鹏译 . —上海：
上海科学技术文献出版社，2024
ISBN 978-7-5439-8999-3

Ⅰ . ①元… Ⅱ . ①贝…②侯… Ⅲ . ①化学元素周期
表—青少年读物 Ⅳ . ① O6-49

中国国家版本馆 CIP 数据核字（2024）第 014184 号

The Periodic Table
Copyright © 2008 by Infobase Publishing

Copyright in the Chinese language translation (Simplified character rights only) ©
2024 Shanghai Scientific & Technological Literature Press

版权所有，翻印必究
图字：09-2020-499

选题策划：张　树
责任编辑：苏密娅　姚紫薇
封面设计：留白文化

元素周期表
YUSUZHOUQIBIAO
[美]贝姬·哈姆　著　侯新鹏　译
出版发行：上海科学技术文献出版社
地　　址：上海市长乐路 746 号
邮政编码：200040
经　　销：全国新华书店
印　　刷：商务印书馆上海印刷有限公司
开　　本：650mm×900mm　1/16
印　　张：6
版　　次：2024 年 2 月第 1 版　2024 年 2 月第 1 次印刷
书　　号：ISBN 978-7-5439-8999-3
定　　价：38.00 元

http://www.sstlp.com

Contents 目 录

第 1 章

元素周期表是什么

　　1977 年，被命名为"旅行者 1 号"和"旅行者 2 号"的两个太空探测器从地球升空，前往太阳系外围执行任务。这两个太空探测器各自携带了一种常用科学仪器范畴之外的物品：一张承载了地球各地图片、声音、歌曲和语言的黄金唱片。这张唱片是用金子包裹在铜盘上制作而成的，因为在金属光盘上录制的唱片要比在普通塑料质地的光盘上录制的唱片更加耐用和清晰。此外，这张唱片自身配有唱针头和电源，可作为基本的唱机直接使用。光盘整体的设计以能在外太空中持续使用数百万年为目的。

　　黄金唱片是为那些在星际旅行中遇到"旅行者 1 号"或"旅行者 2 号"的任何生物或事物提供关于地球的快速指南。唱片中记录的图片展示了地球上生活着的植物和动物，地球自身的形态，以及各个国家和各个年龄段的人类的样子；还有一些特定的图像，例如雪花、房屋、人类手部的 X 光片、妇女的分娩图表、鳄鱼，甚至太空中的宇航员。此外，这张金色唱片还包含了使用了 55 种不同语言的"来自地球的问候"，来自地球各地的 90 分钟组合音乐以及诸如蟋蟀鸣叫、暴风雨中的风声和人类的笑声一类的声响。黄金唱片的封面上也标记了简单的数学符号和图画，解释了这张黄金唱片的内容以及如何使用。

有一张图片遗憾地没有入选黄金唱片的内容，但它却可以用于解释构成人类、动物、植物、岩石、海洋和地球其他部分的所有物质。这张神奇的图片就是元素周期表。

元素周期表回答了"事物是由什么构成的？"这个问题。如果你觉得这听起来就像是小孩子会问的问题，那么你需要记住的是：在几千年的人类历史中，这一问题的答案并不是显而易见的。在这个问题得到解答之前，元素周期表即便对于最富有想象力的科学家来说，也是无法想象的存在。

现在，我们知道事物是由元素构成的。元素是物质的基本组成部分，物质是构成从恒星到宇宙飞船再到黄金唱片的宇宙万物的原料。元素周期表罗列的不仅是自然界中发现的所有基本物质的构成单元，而且是包括一些在地球实验室中创建的构成单元。

一切事物的基础

大多事物是物质的组合，就像宇航员是由皮肤、头发、骨骼、肌肉，甚至宇航服中的布料、塑料、橡胶和金属等组成的。像皮肤这样的东西不是物质的基本构成部分，因为它可以分解成更小的组成部分，即细胞。细胞是由更小的构成部分——水——组合而成，而水又由更小的部分构成：氧元素和氢元素。

图 1.1　陈列在芝加哥理查德·J.戴利中心外部的元素周期表

注：芝加哥拥有号称世界上最大的元素周期表。

　　氧和氢都是元素，因为它们已经是某种物质的最小构成部分。氢和氧都不能再分解成任何其他物质。如果物质单元不能被分解成多种物质单元，那么它就是单个的元素。

　　元素周期表不仅仅是一个简单的元素清单式的列表，毕竟，清单列表可以是任何格式。而元素周期表源于其中元素之间的关系。元素周期表可以用于预测某个元素的外观，即使它此前从未被看到过。元素周期表的排列方式可以用来判断哪些元素会与其他元素发生反应。元素周期表的排列方式甚至可以用来描绘元素的最小粒子，这些粒子远比人眼甚至大多数显微镜所能看到的任何事物都要小。

　　现代元素周期表最初是作为化学教科书的一页内容出现的，是由一位认为学生们需要一种简单的方法来查看元素的老师创造而成的。因为上述所提及的原因，元素周期表举世闻名。被精心排列的行和列将一个简单的表格变成有用的工具，以一种简要的方式阐述了地球和整个宇宙中的物质是如何构成的。

小结

元素周期表是一张包含宇宙中已知的所有自然和人造元素的表格。元素是物质的基本组成部分。元素周期表不仅是一个元素列表，还是理解所有化学反应以及构建地球和宇宙所涉及的材料的指南和工具。这本书将描述元素周期表背后的历史和科学，并深入研究所有主要元素族群。

第2章

元素周期表的历史

作为与其他物质不同的基本构建成分，元素的概念已经存在了至少200万年。或者确切地说，当第一批制造石器的人类出现的时候，这种想法的存在就得到了证实。这些早期的人类已经知道某些种类的岩石更容易破碎成小薄片或保持锋利的边缘，于是他们在制造工具的过程中刻意使用不同类型的岩石来制造不同的工具。虽然他们还没有关于岩石自身的"构建"成分的明确认知，但是他们已经认识到了岩石之间存在着本质上的不同。

当人类逐渐开始以更复杂的方式改变物质时，关于"构建"的思索就自然而然产生了。例如把小麦晒干、研磨成粉、烤成面包，或将金属加热熔化、制成武器。这些古代化学家选择的物质不仅因为它们本身自有的用途，同时也是因为它们能与其他原料结合的特性。

早在几千年前，人们就知道锡、铜、金、银甚至汞等元素的存在，但并没有将它们视为物质的基本组成成分。古希腊学者认为，世界上真正的元素是对立的概念，如"热""冷"和"湿""干"，或者是由这些对立概念组合而成的物质，如火、土、空气和水。在中国，哲学家对世界的认知则是五行，即世界由火、土、水、木和金五种元素构成。希腊哲学家亚里士多德（前384—前322）认为，如果以正确的方式组合火和土等元素，则可以成功制作出金子一类的物质。

古希腊学者德谟克利特（约前460—前370）对于世界构建的思考中，其实已经出现了一些类似现代物质和元素认知的线索。他认为像火这样的物质是由微小的、看不见的粒子组成的，这些粒子不能被分解成更小的碎片。他使用了"原子"这个名称来称呼这些粒子。今天我们所说的原子是构成元素的粒子：金元素由金原子组成，铅元素由铅原子组成等。

亚里士多德认为四种古老元素可以混合到任何一种材料中的想法激发了人们长达几个世纪对炼金术的兴趣。炼金术士们，从某种程度上来说，一半是科学家，一半是哲学家，一直致力寻找将诸如铅一类的普通金属转化成金子一类更有价值的金属的方法。如果亚里士多德的理论是对的，那么这两种金属就是相同的四个元素的不同排列。所以，炼金术士寻找一种方法来将铅中的元素排列改为黄金中的元素排列。

有些炼金术士则是单纯的骗子，他们利用各种方法获取其他人的信任：比如他们可以用稀薄的空气制造出黄金，或者他们神秘的"生命之水"能够治愈一切病症。当然，更多的炼金术士则像科学家一样辛勤工作，通过精密的实验来测试和验证关于物质的种种认知和猜测。这些炼金术士的研究为第一批真正意义上的化学家和现代对于元素的定义铺平了道路。

现代化学元素和现代化学

17 世纪末到 18 世纪初，炼金术士们开始对世界由四个主要元素构成的想法产生怀疑。他们在自己进行的实验中发现了各种奇怪的、不符合古代已知模式的物质。例如，炼金术士发现他们可以通过在实验室燃烧不同种类的物质，例如木材和金属来生成"空气"或气体。根据古代已知的分类，这些生成的气体应该属于同一种元素，但它们在燃烧时的表现却完全不一样。

在欧洲各地的实验室中，炼金术士们在寻找黄金的过程中也在"创造"，或者更准确地说，在发现新元素，比如磷。磷是德国炼金术士在煮沸人类尿液过程中生成的。这种元素像燃烧一样发出灿烂的光芒，但不产生任何烟雾。随着炼金术士们对磷和其他奇怪混合物的进一步探索，以及在新大陆探索航行过程中发现的包括铂在内的奇怪新金属，欧洲人开始意识到物质存在着各种各样的基本建构单元。

原子的概念在 17 世纪后期卷土重来，一定程度上要归功于苏格兰炼金术士罗伯特·波义耳（Robert Boyle，1627—1691）。在波义耳看来，所有物质一定由形状和大小不同的原子组成，就像玩具积木一样互相勾连在一起。他认为金和铅等物质都是由原子构成的，只不过构成它们的原子在形状和大小上存在不同。

波义耳既是炼金术士又是化学家，但追随他的研究人员在追求新的化学科学时将炼金术抛在了脑后。他们所进行的实验揭示了钴和镍等新金属，以及氮气和氧气在内的新气体的存在。这些实验现在被仔细记录下来并且还被不断重复进行。1789 年，法国化学家安托万·洛朗·德·拉瓦锡（Antoine Laurent de Lavoisier，1743—1794）最早提出了类似现代元素的定义：元素是一种不能分解成另一种物质的化学物质。直到法

图 2.1　约翰·道尔顿

注：约翰·道尔顿推测，每种元素都是由特定于该元素的原子组成的。这一理论引导了有关原子质量的现代理解——每种元素因其独特的原子组成而具有不同的质量。

国大革命期间他的头在断头台上被砍下时，拉瓦锡已经命名了30多种元素。虽然拉瓦锡是一位才华横溢的科学家，但他出身贵族，还是政府的税收官，因此非常不受革命者的欢迎。

英国科学教师约翰·道尔顿（1766—1844）将原子的概念与拉瓦锡对元素的新定义相结合，提出不同元素背后有不同种类的原子。在这种情况下，金是由金原子构成的，铅是由铅原子构成的。道尔顿还提出了一种估量不同原子重量的方法。其他化学家们也注意到元素总是以某种方式结合在一起。例如，氢总是占水总体重量的15%，而氧则占水总体重量的85%。根据这些数据，道尔顿计算出了氢原子和氧原子各自的重量。科学家们开始在原子量这个概念的帮助下不断往元素名单中增加内容。

元素名单到元素列表的转变

元素的名单从整个18世纪到19世纪初都持续不断地有新成员加入，但始终保持着一种简单的名单列表性质。逐渐地，化学家们开始从名单中识别出某些规律。研究人员利用测量的更为准确的原子质量将元素从轻到重依序排列。一些化学家开始专注于能够形成"三元素组"的元素。这些元素具有相似的化学性质，同时位于中间位置的元素质量是组合中最轻和最重元素质量之和的平均值。而另一些化学家则观察到了八种化学性质类似元素的重复模式（"八音律"模式）。在这种模式中：质量最轻，因此被排列在第一位的元素与质量排列在第八位的元素化学性质相似，而排列在第二位的元素与第九位的元素化学性质相似，以此类推。此外，还有一些科学家根据元素在化学反应中的类似程度直接进行分组归类。

尽管这些模式帮助化学家对现有的元素进行了列表分类，但研究人员们认为根据分类形成的新族群大部分时候只是一种有用的工具。当发现了不适合任何已知存在模式的新元素时，化学家们有时会忽略其本身存在的模式，根据元素质量将新元素放入他们认为适合的元素列表中的位置。部分化学家们认为已知的模式仅仅适合部分元素。大部分的研究人员认为"三元素组"和"八音律"模式确实对相近的元素进行了描述，但是这些模式并没有解释为何这些元素存在近似现象。

门捷列夫课本中的元素周期表

元素周期表的第一次亮相是在 1869 年俄国圣彼得堡一个寒冷多风的日子里。就在化学老师德米特里·门捷列夫（Dmitri Mendeleyev）为他的学生编写一本新化学教材时，突如其来的灵感帮助他解决了长时间以来一直困扰着他的与元素相关的问题。

在他的教科书里，门捷列夫写到了一些看起来相似并在实际的化学反应中也会表现出相似之处的元素群，例如锂、钠和钾。当门捷列夫介绍到元素群时，他觉得一种能够将元素简单归类并体现类似元素相同之处的方法会对学生们的学习有所帮助。

门捷列夫收集了很多有关已知元素的信息，例如元素们的

图 2.2 俄罗斯化学教师德米特里·门捷列夫

原子量、在化学反应中的作用以及熔点。一些研究人员认为门捷列夫是在一次午睡的过程中梦到了他的元素周期表。一些历史学家则认为门捷列夫为每个元素制作单独的卡片，卡片上详细记载了它们的各类信息，就如同曾经风靡一时的棒球卡一样。门捷列夫不厌其烦、一遍又一遍地以不同的方式整理他的元素卡片，直到他发现了元素们之间存在的模式，并在此基础上完成了自己的元素周期表。

和之前的研究者一样，门捷列夫也注意到 63 种已知元素如果按原子量排序时会存在某种重复模式。这一模式具有周期

门捷列夫和鬼魂

1875 年 11 月，德米特里·门捷列夫在俄国圣彼得堡一个黑暗的房间里点燃了一根火柴。维持了几秒钟的光芒把黑暗房间中围坐在圆桌旁的其他人吓了一跳。房间里，和门捷列夫待在一起的两位年轻的英国兄弟，他们自称可以和鬼魂对话。几分钟后，兄弟中的一人突然倒在了地上，灯又亮了，争论也开始了。

这两位英国兄弟和点燃的火柴都是针对降神会的科学调查的一部分。这种在当时非常流行的降神聚会，其实就是通过所谓的灵媒来召唤死者的灵魂。降神会是 19 世纪末风靡美国和俄罗斯的招魂术运动的一部分。

门捷列夫不信任唯心论者，因为他认为他们鼓励迷信而不是科学思想。他担心管控沙俄帝国政府的贵族家族会无视科学家的建议，而受控于唯灵论者。门捷列夫也坚信大部分灵媒都是假的。

因此，门捷列夫在 1875 年引导了一场针对降神会的调查，以期能向俄国大众证明招魂术主要依靠"梦境和幻觉"。门捷列夫在黑暗中偷偷点燃火柴的那瞬间，照亮了试图使用藏在幕帘后的铃铛制造所谓灵魂出现时噪声的"通灵"英国灵媒兄弟。

被门捷列夫打断的降神会和其他发生的类似事件，开始让科学家们相信招魂术所召唤的鬼魂都是虚假的。虽然门捷列夫因为自己多次的反招魂术演讲成为俄国的知名人士，但这并没有根本影响到他的国人们在随后多年里保持着对灵幻世界的兴趣。

性，会在一定数量的元素之后自行重复。在门捷列夫的第一个元素周期表中，除了第一元素氢以外，每七种元素都会重复特定的模式。例如，锂与钠相似，在周期表中的位置相隔七个元素。钾与钠和锂相似，与钠相隔七个元素。在现代的元素周期表中，锂、钠和钾从上往下依序排列在同一列中。在门捷列夫刚开始设计的表格里，相似的元素被排列在一条水平线上，随后他旋转了一下表格，表格也因此变得更为接近现代版本。

но въ ней, мнѣ кажется, уже ясно выражается примѣнимость вы ставляемаго мною начала ко всей совокупности элементовъ, пай которыхъ извѣстенъ съ достовѣрностію. На этотъ разъ я и желалъ преимущественно найдти общую систему элементовъ. Вотъ этотъ опытъ:

```
                          Ti=50       Zr=90      ?=180.
                          V=51        Nb=94      Ta=182.
                          Cr=52       Mo=96      W=186.
                          Mn=55       Rh=104,4   Pt=197,4
                          Fe=56       Ru=104,4   Ir=198.
                       Ni=Co=59       Pl=106,6   Os=199.
H=1                       Cu=63,4     Ag=108     Hg=200.
       Be=9,4   Mg=24     Zn=65,2     Cd=112
       B=11     Al=27,4   ?=68        Ur=116     Au=197?
       C=12     Si=28     ?=70        Sn=118
       N=14     P=31      As=75       Sb=122     Bi=210
       O=16     S=32      Se=79,4     Te=128?
       F=19     Cl=35,5   Br=80       I=127
Li=7  Na=23     K=39      Rb=85,4     Cs=133     Tl=204
                Ca=40     Sr=57,6     Ba=137     Pb=207.
                ?=45      Ce=92
                ?Er=56    La=94
                ?Yt=60    Di=95
                ?In=75,6  Th=118?
```

а потому приходится въ разныхъ рядахъ имѣть различное измѣненіе разностей, чего нѣтъ въ главныхъ числахъ предлагаемой таблицы. Или же придется предпо- лагать при составленіи системы очень много недостающихъ членовъ. То и другое мало выгодно. Мнѣ кажется притомъ, наиболѣе естественнымъ составить кубическую систему (предлагаемая есть плоскостная), но и попытки для ея образо- ванія не повели къ надлежащимъ результатамъ. Слѣдующія двѣ попытки могутъ по- казать то разнообразіе сопоставленій, какое возможно при допущеніи основнаго начала, высказаннаго въ этой статьѣ.

Li	Na	K	Cu	Rb	Ag	Cs	—	Tl
7	23	39	63,4	85,4	108	133		204
Be	Mg	Ca	Zn	Sr	Cd	Ba	—	Pb
B	Al						—	Bi?
C	Si	Ti	—	Zr	Sn			
N	P	V	As	Nb	Sb	—	Ta	
O	S	—	Se		Te		—	W
F	Cl	—	Br		J		—	
19	35,5	58	—	190	127	160	190	220.

图 2.3　门捷列夫的元素表

注：门捷列夫首先规范了自己的元素表格：元素按原子质量垂直排列，并根据其物理和化学性质水平排列。同时，门捷列夫在他的表格上预留了很多空白空间，因为在他看来，有很多能够放入表格的新元素有待发现。

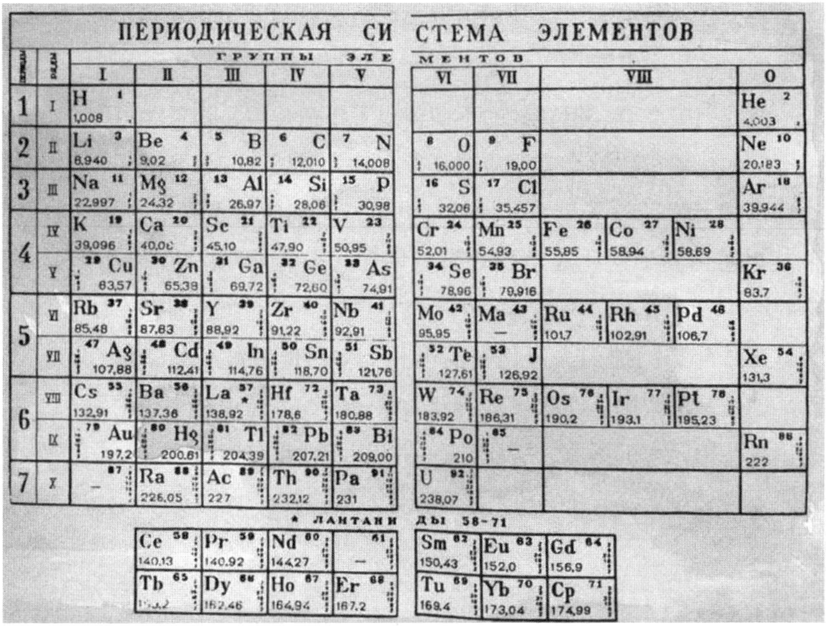

ПЕРИОДИЧЕСКАЯ СИСТЕМА ЭЛЕМЕНТОВ

		ГРУППЫ ЭЛЕМЕНТОВ										
		I	II	III	IV	V	VI	VII	VIII			0
1	I	H 1 1,008										He 2 4,003
2	II	Li 3 6,940	Be 4 9,02	5 B 10,82	6 C 12,010	7 N 14,008	8 O 16,000	9 F 19,00				Ne 10 20,183
3	III	Na 11 22,997	Mg 12 24,32	13 Al 26,97	14 Si 28,06	15 P 30,98	16 S 32,06	17 Cl 35,457				Ar 18 39,944
4	IV	K 19 39,096	Ca 20 40,08	Sc 21 45,10	Ti 22 47,90	V 23 50,95	Cr 24 52,01	Mn 25 54,93	Fe 26 55,85	Co 27 58,94	Ni 28 58,69	
	V	29 Cu 63,57	30 Zn 65,38	31 Ga 69,72	32 Ge 72,60	33 As 74,91	34 Se 78,96	35 Br 79,916				Kr 36 83,7
5	VI	Rb 37 85,48	Sr 38 87,63	Y 39 88,92	Zr 40 91,22	Nb 41 92,91	Mo 42 95,95	Ma 43 —	Ru 44 101,7	Rh 45 102,91	Pd 46 106,7	
	VII	47 Ag 107,88	48 Cd 112,41	49 In 114,76	50 Sn 118,70	51 Sb 121,76	52 Te 127,61	53 J 126,92				Xe 54 131,3
6	VIII	Cs 55 132,91	Ba 56 137,36	La 57 * 138,92	Hf 72 178,6	Ta 73 180,88	W 74 183,92	Re 75 186,31	Os 76 190,2	Ir 77 193,1	Pt 78 195,23	
	IX	79 Au 197,2	80 Hg 200,61	81 Tl 204,39	82 Pb 207,21	83 Bi 209,00	84 Po 210	85 —				Rn 86 222
7	X	87 —	Ra 88 226,05	Ac 89 227	Th 90 232,12	Pa 91 231	U 92 238,07					

* ЛАНТАНИДЫ 58–71

Ce 58 140,13	Pr 59 140,92	Nd 60 144,27	61 —	Sm 62 150,43	Eu 63 152,0	Gd 64 156,9
Tb 65 [illegible]	Dy 66 162,46	Ho 67 164,94	Er 68 167,2	Tu 69 169,4	Yb 70 173,04	Cp 71 174,99

图 2.4　元素周期表

注：这一版本的门捷列夫元素周期表于 1925 年出版。元素们已经被重新排列，新的模式已经比门捷列夫最初的原始模式变得更加容易使用且结构也更加优化。

预测的力量

门捷列夫的元素周期表成为科学史上最著名的图表之一。可是为什么这一简单的表格会具有如此重要的意义？毕竟在门捷列夫之前，已经有很多科学家提出了自己归类元素的方法。一位名叫洛塔尔·迈耶尔（Lothar Meyer）的德国化学家甚至在门捷列夫写下他的表格前几个月就已经创建了一张元素周期表。究竟是什么让门捷列夫的表格如此特别？

令人惊讶的是，门捷列夫的表格之所以成为今天使用的元素周期表，是因为他在自己表格上的留白。门捷列夫在他认为应该存在具有某种原子量的元素的位置打上了问号，即便当时还没有发现此种元素。他甚至根据表格的模式预测了那些缺失元素的样子。

门捷列夫在硼、铝和硅的下面留出了空白位置，他认为这些空白的位置很快就会有对应的新发现的元素填入。他预测了这些未知元素的原子量和其他特征，包括它们的熔点和沸点；他甚至还预测了这些元素是如何与氧气这类常见元素发生反应的。

1875年，门捷列夫表格上的第一个空白位置被新元素填入。这是一位法国化学家发现的新元素——镓。在表格中，它的位置在铝元素的下方，它所具有的一切特性都与门捷列夫对于此位置未知元素特性的预测完全一致。紧接着在1879年，一

命名元素

镓元素、钪元素和锗元素的发现者们骄傲地以自己祖国的名称命名了这些新元素。镓的名称来自拉丁语中法国的名称"Gallia"。钪是以斯堪的纳维亚命名的，而锗则是以德国命名的。

那么其他元素是如何被命名的呢？一些元素，虽然自身名称很简单，但在元素周期表中却以其拉丁名称的缩写为人所知。这类元素包括金和银：金在元素周期表的元素符号"Au"，源自其拉丁名称"aurum"；银的元素符号"Ag"则源自其拉丁名称"argentum"。

20世纪在实验室中发现或创造的许多最新元素都以著名科学家的名字命名。例如，101号元素钔的英文名称"Mendelevium"，这个名字是不是非常熟悉呢？

现在，科学家们赋予新元素的名称和符号必须拥有国际纯化学和应用化学联合会（IUPAC）的批准（本书使用 IUPAC 官方元素周期表）。IUPAC 建议科学家们以"神话概念、矿物、地点或国家、特定物或科学家"命名新元素。在新名称被正式批准之前，科学家们可以通过原子序数来称呼该元素。例如，轮元素曾被简称为"元素111"或者111的拉丁名词"ununbium"。

位瑞典研究人员发现的新元素钪被填入了门捷列夫表格中硼元素的下方位置。新元素的一切特性依然与门捷列夫的预测完全一致，分毫不差。之后在 1886 年，一位德国科学家发现了新元素锗，它填补了门捷列夫表格中硅元素下方的空白位置。同样地，它的化学性质又一次完全地符合了门捷列夫的预测。

这三种新元素的发现帮助门捷列夫的表格跳出了仅仅只是归纳分类元素巧妙方法的局限。门捷列夫对于新元素预测惊人的准确性，让其他科学家清楚地认识到了，这一表格不仅仅是一个与众不同的元素清单，还是一个可用于寻找新元素的强大工具。门捷列夫的预测是一种研究假设，一种关于世界的科学陈述，研究人员可以使用它来检测化学中的其他问题。

如今，作为元素周期表之父的门捷列夫闻名世界。因为门捷列夫是第一个认识到元素在现实生活中遵循一种模式的人，而不仅仅是在化学家的笔记本中。他不是创造了元素周期表，而是发现了它。元素所遵循的模式已经存在于自然界，而门捷列夫和其他人要做的就是确定元素们在这个模式中的正确位置。

小结

古代文明认为世界上所有的物质都由少数几种元素构成。这几种元素可以与任何物质混合的想法引导了炼金术的发展。一半是科学家、一半是哲学家的炼金术士们致力于寻找将普通金属变成黄金的方法。他们的实验为 17 世纪和 18 世纪真正意义上的化学家们铺平了研究的道路。罗伯特·波义耳、安托万·洛朗·德·拉瓦锡、约翰·道尔顿和其他人的实验引领了对元素的新定义。随后对元素的归纳分类促使德米特里·门捷列夫创建了现代元素周期表。门捷列夫在周期表中对未知元素进行了准确预测，这使得元素周期表获得了巨大的成功。

第 3 章

元素是由什么组成的呢

门捷列夫发明的元素周期表最神奇的地方，在于他并不真正知道为什么自己的表格具有周期性。事实上，他对于自己表格中元素的了解远远没有达到现代科学家们的认知。然而，他依然写出了正确的元素周期表，并且对表格中缺失的未知元素作出惊人的预测。门捷列夫为自己的想法找到了行之有效的应用方式，但他并不知道为什么自己的想法能够成功地应用在实践中。

现在，我们理解元素之所以具有周期性，是因为它们由原子构成，正如德谟克利特所猜测的那样。原子是元素中保持了元素所有特性的最小粒子。简单地说，金原子与金条没有区别，只是金原子的体积要小得多。

德谟克利特关于原子不能再分的看法是错误的。原子本身由三个较小的粒子组成：质子、中子和电子。质子带正电荷，电子带负电荷，而中子不带电荷。通常，一个原子具有相同数量的质子和电子。这两种粒子的正电荷和负电荷相互抵消，因此原子没有总电荷。有些原子确实带有正电荷或负电荷，因为它们有一个额外的电子或缺少一个电子。这些带电原子被称为离子。

质子和中子聚集在一起形成原子的中心，称为原子核。质子的正电荷吸引带负电荷的电子，就像磁铁的正负两极互相牵扯、吸引一样。这种吸引力使得电子像行星围绕太阳运行一样围绕核心运动，尽管它们围绕原子核的路径远不像行星轨道那样稳定或可预测；相反，电子通过如同洋葱皮一样层层包裹着原子核的电子层广阔空间，围绕原子核移动。

一个元素可以通过它的质子数来定义。所有的氢原子只有一个质子，而所有的铁原子都有 26 个质子，所有的金原子都有 47 个质子。中子的数量可以变化，在比铝重的元素中，中子的数量通常多于质子的数量。由于原子核中的中子数不同而具有不同原子量的同一元素的原子称为同位素。原子大部分的重量来自它的质子和中子。质子和中子的质量几乎相同，换句话说，它们包含的物质数量几乎相同。质子的质量是电子的 2 000 倍左右。

当门捷列夫第一次排列他的元素周期表时，他将已知元素按原子量排序。在现代表中，元素排列是按原子序数——它们所含的质子数排列。原子序数和原子量不同是因为原子量还包括电子和中子的贡献。对门捷列夫来说，幸运的是，无论元素是按原子序数还是原子量排列，它们的顺序大致相同。

为什么元素周期表具有周期性？

门捷列夫并不认为元素是由原子构成的，尽管他的许多化学家同事已经接受了这一事实——原子是构成所有物质的粒子。但不管怎么说，门捷列夫时代都没有人猜测到原子是由更小的颗粒组成的。这些更小的颗粒中体积最小的粒子——电子，是元素周期表形成周期性模式的"背后英雄"。原子核周围的电子层具有不同的能量水平。每个能级或外壳与原子核的距离远近决定了它们容纳电子数量的多少。例如，第一个壳层可以容纳两个电子，而第二个壳层则可以容纳八个电子。

如前所述，质子数必须平衡原子中的电子数。我们来看看元素周期表第一排的氢和氦。氢有一个质子（它的原子序数是1），所以它需要一个电子来平衡这个质子。氦有两个质子（它

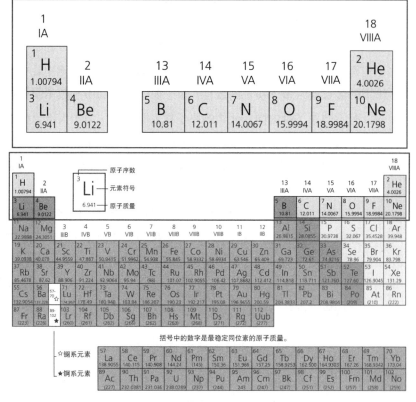

图 3.1　元素周期表的前两个周期

的原子序数是 2），所以它需要两个电子来平衡质子。在这两种情况下，所需的电子将存在于第一个电子壳中，因为它至多可以容纳两个电子。

第二排以具有三个质子的锂，或者说原子序数是 3 的锂开始。锂需要三个电子来平衡它的三个质子。前两个电子可以被纳入壳层 1，但第三个电子必须进入壳层 2。

元素周期表的第二排从锂排列到氖，每个元素中质子和电子的数量逐渐增加。随着电子数量的增加，壳层 2 迅速被填满。等到了氖（原子序数 10）的位置，壳层 1（两个电子）和壳层 2（八个电子）都被电子填满。那么，到这时候会发生什么呢？

现在，排在第三排的第一个元素钠，拥有 11 个电子。前 10 个电子可以被纳入壳层 1 和 2，但剩下的电子只能选择进入壳层 3。

对于周期表中每排第一个元素的快速了解展示了表格中具有的某种模式。元素中的电子根据这一模式对自己原子核周围的各个能量级层进行规则填充。

周期模式和化学反应

电子，尤其是在原子核最外层壳上运动的电子，是原子向世界展示的“面孔”。这一价壳中的电子最有可能与其他原子发生交互作用。事实上，化学反应就是原子从其化合价中放弃电子，或是吸引电子远离其他原子加入它们的化合价壳，又或是与另一个原子共享该壳中的电子。

最外层被完全填充的原子非常稳定，可以持续很长时间不发生变化，例如氖和所有元素周期表最右栏中的其他元素。而诸如像锂这样的元素，它们拥有一个几乎是空的最外层壳层 2（只有一个电子），则很可能将仅有的一个电子让给参与化学反

元素周期表中的"湖泊"在哪里？

元素周期表中的大多数元素在室温下都以固体状态存在。这些元素中的原子紧密地堆积在一起，帮助元素保持自己的形态。还有 11 种元素在室温下以气体状态存在，包括第 18 族的所有元素，以及氢、氧、氮、氯和氟。气体们是松散的原子集合体，所以他们散开来能填充任何大小或形状的容器。表中的溴和汞是仅有的两种在室温下呈液态的元素。液体是介于气体和固体之间的物质状态。液体中的原子不像固体中那样紧密排列，但与气体中的原子相比，它们的结合则更为紧密。液体可以填充任何形状的容器，但它们填充的方式完全不同于气体的扩展方式。

化学家彼得·威廉姆·阿特金斯（P. W. Atkins）曾经说过："如果我们把元素周期表想象成一片真实的土地，土地上有山谷、山脉和沙漠，那么溴和汞就是其中的'湖泊'。"因此，他在自己的书籍《元素周期王国》中，以描述一个想象中的国度的方式对元素周期表进行了阐述。其他科学家们也同样采取了这种方式来描绘元素周期表。例如，英国皇家化学学会曾经专门建立了一个周期景观"照片"网站（http://www.chemsoc.org/viselements/），展示了高原子序数元素所处的"山脉"和"高峰"。

应的另一元素。发生化学反应并失去一个电子的锂会变得更为稳定，因为完全填充的壳 1 成为最外层，使元素更为稳定。

有没有一种简单的方法可以判断一个元素是否会产生化学反应呢？同样，元素周期表的模式又一次地提供了帮助方案。表格排列在第一列中的每一个元素（除了氢，随后会讨论这个元素中的特例）都代表一个新电子层的开始。锂的第 3 个电子是壳层 2 中的第一个以及仅有的一个电子。钠的第 11 个电子是壳层 3 中的第一个也是仅有的一个电子，以此类推。这些元素们都非常活跃，因为它们随时试图放弃这些最外层孤立的电子们给其他参加化学反应的元素们。这些被放弃的、孤立的电子们被称为价电子。

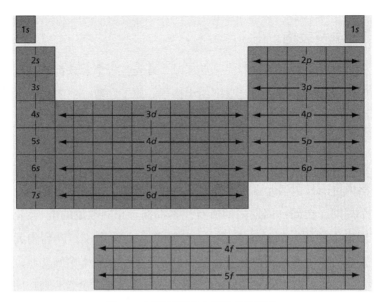

图 3.2　元素周期表中不同的轨道块

　　随着质子（和电子）数量的增加，壳层们再次被填满，元素们就变得不那么活跃了。通常来说，表格中左侧的元素非常活跃，但随着列逐渐从左向右移动，元素逐渐不那么活跃了。同列中的元素会在化学反应中表现出类似的行为，背后的原因很简单，因为它们向其他元素展示了相同类型的电子"面孔"。

　　电子壳还具有一种复杂性。在电子壳本身，在被称为轨道的区域有可能发现电子。轨道的类型有四种——s、p、d 和 f 轨道，每一种轨道都有自己特定的形状。元素周期表不同的块对应不同的轨道。表格第一行元素中原子所含有的电子位于 1s 轨道。位于第一行最右边的氦，由 1s 轨道上的 2 个电子组成。位于表中第二行最右边的氖，在 1s 轨道上有 2 个电子，2s 轨道上有 2 个电子，以及 2p 轨道上有 6 个电子。这种位于轨道区域内电子的排列方式被称为电子构型。因此，化学家们将氦的电子构型记为 $1s^2$，氖气的电子构型记为 $1s^2 2s^2 2p^6$。

浏览表格

阅读元素周期表需要一点练习。首先，每个元素都有自己居住，并标有两个关键数字的小格子。原子序数，或者说原子所包含的质子数位于元素格的顶部（见附录一中的表格）。在原子序数的下方是代表元素符号的字母。在元素符号的下方则是元素的名称，再下方即是原子量。在某些元素周期表上，元素格内可能只包括元素符号和原子序数。表格的每一横行称为一个周期。在同一周期内的所有元素都拥有相同数量的电子层。表格中的每一列被称为族。对于大部分的族来说，同列中元素的最外层电子壳都拥有相同数量的电子。在表格中的某些位置，比如表格中间那条长长的"桥"，有几个元素虽然分列在同一族内，但它们最外层的电子数并不相同。

在元素周期表的底部单列有两行周期元素，包含原子序数从 57 到 70 和从 89 到 102 的元素。如表格所示，这些元素事实上应该包含在周期 6 和 7 中，但将所有元素都保留在这两个周期中会导致表格太长无法打印，所以大部分时间，这两个周期的元素都列在表格末尾以节省空间。同时这些元素也确实具有一些独特的性能。

另一种阅读元素周期表的方法是将元素划分为金属、非金属和准金属。表格中大多数元素是金属。金属通常有光泽并且可以被弯曲、锤打或拉伸成不同的形状，而无需碎成碎片。金属也是良导体，这意味着热量和电力可以很容易通过它们进行传输。金属在与其他元素反应时往往会放弃电子。在这一信息的基础上，我们就可以推断大多数金属位于表格的左侧，因为其价电子壳层大多为空。

非金属不是良好的电导体。当它们与其他元素反应时，它们倾向于获得或共享电子。这种特性决定了它们在元素周期表

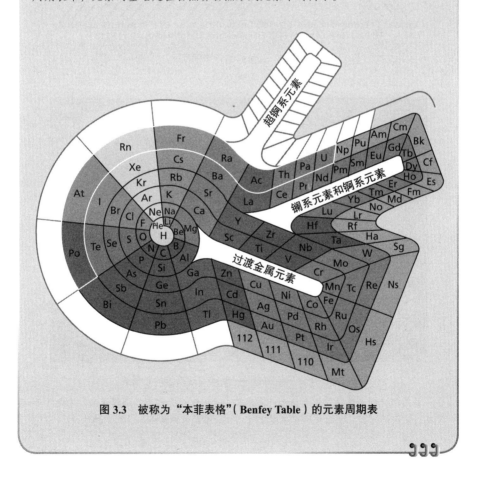

旋转元素周期表

今天的元素周期表是课堂和实验室中常见的存在。但是多年来，一些科学家不断地将这张表格重新整合成不同的形状。他们构建了金字塔形、螺旋形、阶梯形、塔形，甚至星系形的模式来展示元素之间的关系。在其中一个三角形版本中，元素之间的路径显示了电子壳层之间是如何填充的。在钥匙形的模式中，元素则被展示为一个连续的螺旋。科学家们还创建了一种突出重点的元素周期表。在这类表中，科学家们会突出展示在他们自己的特定领域内有关元素的重要内容。比如说，在为地质学家和其他研究地球科学的人特殊制定的元素周期表中，元素的基础是在自然界自然形成元素中的离子。

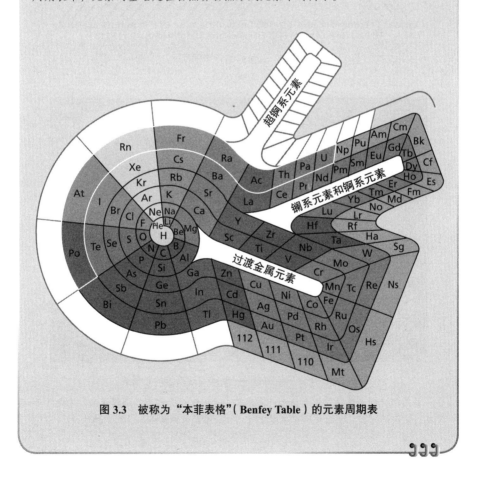

图 3.3　被称为 "本菲表格"（Benfey Table）的元素周期表

H He

LiBe B C N O F Ne
Na Mg Al Si P S Cl Ar

K Ca Sc Ti V CrMnFeCoNiCuZnGaGeAsSeBrKr
Rb Sr Y ZrNb Mo Te Ru Rh Pd Ag Cd In Sn Sb Te I Xe

CsBaLa CePrNdPmSmEuGdTbDyHoErTmYbLuHfTa W Re Os Ir Pt AuHgTlPbBiPoAtRn
Fr Ra Ac Th Pa U Np Pu Am Cm BkCf EsFmMdNoLrRfHaSgNsHsMt 110 111 112

图 3.4 三角形的元素周期表

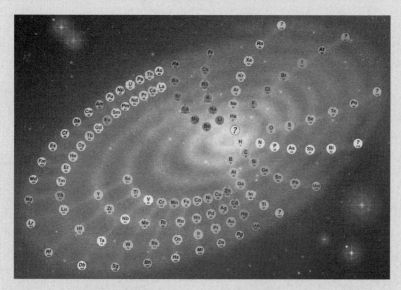

图 3.5 化学星系图 II——元素周期系统的新形式

注：虽然门捷列夫选择使用表格进行元素排序，但他始终认为三维螺旋形状才是展示
元素最有效的方式。这张化学星系试图在二维模式中模拟出门捷列夫的想法。

中会靠近右侧，因为这一区域元素的价电子壳层通常已满或几乎已满。

类金属有时被称为半导体。虽然它们无法和金属相比，但它们具有导电性。当它们与其他元素反应时，它们可能会获得或失去电子。最为人熟知的半导体元素是硅元素，主要用于制造计算机芯片。类金属在元素周期表中位于金属和非金属之间。

小结

原子是单个元素中最小且具有所有该元素属性的粒子。原子由三个主要粒子组成。质子和中子聚集在原子核中，同时电子绕原子核运行。原子中质子的数量决定了它是什么类型的元素。元素周期表的结构来自电子壳层以特定模式填充的事实。表中的行被称为周期，列被称为族。此外，还存在着其他划分表格的方法。

第 4 章

碱金属和碱土金属

元素周期表中前两个族中的元素是一些最活泼的已知元素。事实上，对于那些非常活跃的元素来说，普通常见的物质，例如水，或者某些情况下的空气，就能引发它们的爆炸或燃烧。虽然大家对这些活跃的元素的名字耳熟能详，例如钠、钾和钙，但人们很少能发现它们以独立的形态存在。与之相反的是，这些元素大多会与另一种更稳定的元素结合形成化合物。氯化钠，也就是食盐，就是此类化合物一个很好的例子。

第 1 族元素，从锂（Li）开始垂直往下，直至钫（Fr），被称为碱金属。第 2 族元素，从铍（Be）开始垂直往下，直至镭（Ra），被称为碱土金属。

氢（H）通常被放置在碱金属的顶部，虽然它不是金属。不过，与第 1 族其他元素一样，氢的

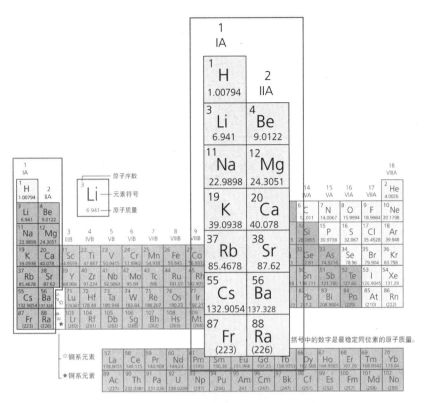

图 4.1 元素周期表中的第 1 族和第 2 族

最外层也只有一个电子。最外层的这个单电子使这些元素非常活泼。它们渴望放弃孤独的电子，以获取一个完整的最外层壳层，因此，这些元素很容易与其他元素结合。碱土金属的反应性略低，因为它们的价壳中有两个电子。

在这两个族中，金属通常是银色的，但在燃烧时会发出鲜艳的颜色。用碱土金属制成的化合物通常在烟花中使用。这些金属非常柔软。一些碱金属在未与任何其他元素混合的情况下，可以像切黄油一样被切割，但是切割或处理这些纯金属是一项棘手的任务。纯钠金属暴露在空气中时开始分解。暴露在水中时，钠会产生氢气，有时会着火。纯钾和铯金属在水中会

图 4.2 水滴落在纯钠金属表面上产生的炽热的化学反应

注：钠一类的纯碱金属非常容易挥发，因此碱金属通常会被存储于油或蜡中。

剧烈爆炸，钾在露天环境中可能会着火。纯碱金属通常储存在油或蜡中以防止它们爆炸。

碱金属和碱土金属有时一起称为 s 区。这个名字的由来是因为这些元素中的价电子来自 s 轨道。

与其他元素合作良好

一些碱金属和碱土金属对人体和工业应用很重要，但大多数时候，它们需要与更稳定的元素结合才能发挥作用。例如，钙与磷结合形成骨骼，钙与铝和硅混合形成水泥。石灰是一种钙和氧的化合物，早在罗马时代就被用作建筑材料。由钠和钾制成的化合物可向全身发送电信号，但也可用于制造玻璃、路灯和植物肥料。钠可能是最著名和最广泛使用的碱金属。它与其他几种元素结合，制成小苏打、洗涤剂成分硼砂、食品防腐剂亚硫酸钠和疏通下水道的氢氧化钠等化合物。

镁与氮和其他元素结合形成叶绿素，即绿色植物用来吸收阳光的色素。另一方面，镁和氟的结合用于偏光太阳镜、窗户和其他类型的玻璃，以减少阳光的眩光。偏光材料改变了光波穿过玻璃等材料的方式。在其他化合物中，镁有助于产生明亮的耀斑和制作爆炸装置。镁是第二次世界大战期间在欧洲城市引发火灾的一些炸弹的关键成分。镁的可怕火焰很难被扑灭，只能用大量的泥土或沙子而不是水来扑灭。

许多涉及碱金属和碱土金属的化合物被用作干燥剂，即可以从材料中去除水分的化学物质。氢化锂、碳酸钾、氯化钙和醋酸钡都被用作干燥剂。例如，氯化钙有时会被撒在路上，

寻找完美的蓝色烟花

碱土金属，如锶和钡，是烟花表演中五颜六色火花的创造者。绿色火花是钡与氯元素结合生成的，而锶与氯元素的结合则会生成闪烁的红色火花。铜和氯的化合物能制成蓝色的火焰。为了生成这些特定的颜色，烟花专家们会将金属和氯一起放在蒸汽中燃烧，因为在这种环境下，这两种元素会呈现和保持气体状态。燃烧的环境会"刺激"电子，能将它们推入高于正常能级的能量水平。当电子恢复到正常水平时，它们会以彩色光的形式来释放额外的能量。

真正蓝色的烟花是最难制作的，因为氯化铜化合物会在高温火焰中分解。近年来，烟花专家使用镁铝合金（碱土金属镁和铝的混合物）来增强所有烟花的颜色。镁铝合金能使烟花中的蓝色更加明亮，但烟火师仍然在寻找一种像红色、绿色和黄色火花一样明亮的蓝色来点亮7月4日的夜空（7月4日是美国独立日）。

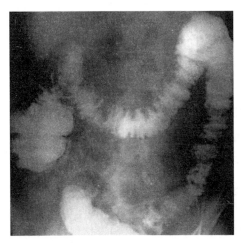

图 4.3　医生在碱土金属钡的帮助下
照亮了患者的肠道

注：患者口服一种硫酸钡混合物，它
们会短时间停留在胃、肠内。钡的化
学特性使其能够吸收 X 射线，人为
地提高显示对比度，因此能突出显示
体内任何问题区域。

通过在路面上保持一层薄薄的水来捕捉灰尘颗粒，从而减少
灰尘。

　　第 1 族和第 2 族金属重量轻，与其他轻质但更稳定的金属
（如铝）结合良好。铝和锂的混合物或合金用于飞机和赛车车
架。锂通常用于制造笔记本电脑、数码相机和心脏起搏器的轻
型电池。铍是另一种用于卫星、飞机和核武器的轻金属。（铍
也是赋予绿宝石、翡翠和海蓝宝石众所周知的蓝绿色的元素。）
镁也是一种很好的合金金属，用于轻型机器，例如割草机和
工具。

　　碱金属和碱土金属有一些令人惊讶的医疗用途。几十年
来，锂和氯一直被用来治疗一种叫作双相情感障碍的抑郁症。
科学家们并不确定锂如何影响抑郁症，但他们认为它可能会以
某种方式改变大脑中的化学信息。医生使用最重的碱土金属之
一——钡，更好地观察胃和肠道。他们给患者喝一种叫作硫酸
钡的饮料，它可以进入肠道。钡的 56 个电子吸收 X 射线并照
亮胃和肠道，以揭示溃疡和其他问题。

　　这两个族中有一些元素有时会导致健康问题，因为它们与

附近的元素非常相似。例如，有毒的锶会增加患骨癌和白血病的风险。锶位于周期表中钙的下方，它与钙非常相似，以至于身体有时会误以为它是骨骼和牙齿中的钙吸收它。元素之间的相似性也很有用，例如氯化钾。患有高血压和某些心脏或肾脏疾病的人需要减少饮食中的钠以保持健康。他们可能不会在饭菜上撒普通食盐或氯化钠，而是使用氯化钾来获得非常相似的咸味。

氢属于哪里？

氢的原子序数为1。它是太空中最丰富的元素，占宇宙中所有原子的90%。科学家认为氢是宇宙大爆炸时第一个形成的元素。最常见的氢只有一个质子和一个电子，其简单的结构是构建所有其他元素的基础。

氢在元素中的特殊地位使其成为元素周期表中的"孤儿"。

禁用反式脂肪

2006 年，纽约市卫生委员会告诉该市的餐馆，他们必须找到一种不使用反式脂肪来制作薯条、甜甜圈和许多其他食品的方法。关于反式脂肪或者说是反式脂肪酸的禁令是在多项研究表明人造脂肪对健康有害之后出台的。

反式脂肪源于 Crisco 一类的氢化油。目前，研究人员已经将反式脂肪与心脏病、血管阻塞、体内指数高的"坏"胆固醇和体内指数低的"好"胆固醇联系在一起。种种证据表明反式脂肪非常不健康，所以美国食品和药物管理局在 2003 年决定，所有食品标签都应标明反式脂肪的含量，以便人们做出更好的食用选择。由此，许多公司已决定改变他们制作最受欢迎食品的方式。例如，根据食品专家的说法，卡夫公司现在生产了一种不含反式脂肪的曲奇饼干，其味道与原来的奥利奥饼干无限接近。纽约的餐馆老板们也希望他们能在改变使用反式脂肪烹饪方式的同时依然提供美味的食物。

大多数元素周期表将氢放在碱金属中的锂之上。如上所述，原因是氢和其他碱金属一样，在其最外层有一个电子。（实际上，氢只有一个壳层。）

然而，一些科学家认为氢实际上应该位于第 17 族中氟的上方。他们争辩说，与其说氢的电子壳层大部分是空的，不如说它几乎是满的——离完整的电子差一个电子，就像第 17 族的元素。其他周期表将氢放在其余元素之上，因为它的反应方式与表中任何其他族的反应方式都不完全相同。

无论是漂浮或锚定，氢都是地球上生命最重要的元素之一，它形成的化合物比任何其他元素都多。它与氧气形成的强键可防止水分子在地球表面蒸发。氢键也构成了 DNA 的骨架，DNA 是一种保存着所有生物遗传信息的分子。

氢气也有其工业用途。世界上制造的氢中近三分之二用于生产肥料中的氨（氮和氢的组合物）。氢还用于火箭燃料和核反应和氢弹的化学反应中。氢气在氢化植物油的生产中扮演着更为臭名昭著的角色。氢能在室温下将这些油转化为固体脂肪，常用于油炸和烘焙食品，使它们味道更好，在杂货店货架上保存更长时间。然而，医学研究人员近年来将氢化油列为潜在的心脏病的诱因之一。

氢也可能是未来的清洁燃料，当它在汽车或其他发动机中燃烧时，几乎不会产生污染。尽管氢气可以替代汽油作为汽车发动机的燃料，但大多数制造商转而测试使用氢燃料电池的汽车。燃料电池将氢气转化为电能，为汽车提供动力。用于汽车、公共汽车和其他车辆的燃料电池技术似乎很有前途，但到目前为止，燃料电池的制造成本很高，而且非常脆弱。

放射性：原子核分裂

在 1920 年代，在新泽西一家工厂工作的女工们用一种在黑暗中发光的名为镭的元素为表盘涂色。女人们不断地用嘴唇来整理画笔的毛尖，以保持毛尖足够尖，能够勾勒出微小的数字。几年后，妇女们开始生出奇疮，全身酸痛，骨头都碎了。几名妇女不久之后就去世了。

众所周知，这些被称为"镭女郎"的女性遭受了辐射中毒。她们为了好玩而涂在指甲和牙齿上的发光粉是一颗化学定时炸弹，等待着破坏她们的细胞。镭的发现可以追溯到 1898 年，由法国化学家玛丽·居里和皮埃尔·居里完成。这些女工无意中证实了放射性的可怕力量。

放射性由原子核变得不稳定和分裂时产生的微小能量粒子组成。通常，原子核通过质子相互吸引的力黏合在一起。当原子核有太多质子或没有足够的中子时，这种力就会被压垮，原子核就会分崩离析或衰变。

许多元素都有放射性同位素，即它们自身的变体，其中原

图 4.4 "镭女郎"

注："镭女郎"特指19世纪20年代美国新泽西州的一些女性。她们的工作是给表盘涂上镭——一种在黑暗中发光的元素。由于这些女性们经常接触镭这种放射性元素，所以多年后她们的身体出现了许多问题，有些人甚至因为辐射中毒而死。

子核中的质子和中子数量不知何故变得不平衡。不稳定的原子核更可能存在于具有更多质子的较大原子中，因为将这些质子推离彼此的力比将它们吸引在一起的力强得多。

　　元素周期表提供了关于哪些元素可能具有天然放射性的线索。第7周期的所有元素——如碱金属中的钫和碱土金属中的镭——都是具有许多质子的大原子。所有第7周期的元素都具有放射性。

　　辐射——放射性元素释放的能量粒子——对人体而言是敌也是友。正如"镭女孩"发现的那样，辐射会破坏细胞并改变细胞中的 DNA，从而增加患癌症的风险。然而，放射疗法也被广泛用作癌症的治疗方法，因为仔细靶向辐射可用于杀死癌细胞。

多年在实验室中研究放射性元素使居里夫人和皮埃尔·居里也病得很重。1934 年，居里夫人死于因辐射引起的血液病。几十年后，当科学家们检查她的实验室笔记本时，他们发现到处都是她发光且有毒的指纹。

放射性元素的稳定衰变还有一些其他重要的用途。铯的一种放射性形式以如此稳定的速率释放辐射，以至于世界上最精确的时钟都依靠这个速率来计时。另一个"计时员"是放射性钾精确衰变为更稳定的氩元素。科学家们使用钾-氩测年法来确定超过一百万年历史的古人类遗址中岩石和石器的年龄。研究人员知道岩石中的钾全部转化为氩需要多长时间，因此他们测量了岩石中剩余的钾量以得出其年龄。

小结

碱金属位于元素周期表的第 1 族，与此同时，碱土金属位于表中的第 2 族。这两族中的大多元素是柔软的高活性金属。它们与其他元素形成的化合物能对人类产生巨大的帮助。气体氢通常被归类于碱金属一族中，尽管它有自己的特殊属性。当原子越大时，其原子核就越有可能变得不稳定并开始破裂，而在这一过程中释放能量的特性被称为放射性。

第 5 章

过渡金属

当人们被要求说出一种元素时，有很大可能会说出一种过渡金属的名称。这是因为过渡金属大多都存在于人们的日常用品中，比如硬币、珠宝、灯泡、汽车，以及一些比较出人意料的地方，比如防晒霜和手机。大多数的人每天都会看到、接触和依赖过渡金属数百次。

过渡金属就是元素周期表的"桥梁"，它包括从第 3 族至第 12 族和第 4 周期至第 7 周期内的元素。在第 3 族的 57 号和 89 号元素的过渡金属内部存在着一种奇特的断裂，这些断裂标志着镧系元素和锕系元素的开始。如果仅仅凭借这些元素的原子序数，那么这两组不寻常的元素似乎应该属于过渡金属范畴。然而，它们与过渡金属表现出的特性不同，因此大多数元素周期表将这些元素从原子序数顺序中拉出来，并在表的底部赋予

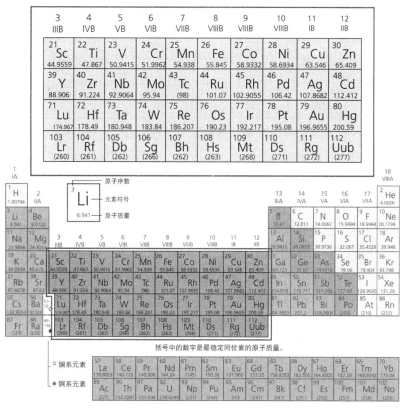

图 5.1　元素周期表中的过渡金属元素

它们一个单独的家。

　　为什么过渡金属包含众多诸如金、铁、锌和钛一类众所周知的元素呢？这有一个原因，或者更确切地说，应该有那么几个原因。这些元素的名字——过渡金属，提供了第一条线索。所有的过渡金属元素都是金属，所以也都具有金属的特性，例如导电能力和能够被加工成不同的形状。

　　现在我们来看过渡是什么意思呢？过渡是指事情或事物从一个阶段逐渐发展而转入到另一个阶段。钇（原子序数 39）是一种与银（原子序数 47）截然不同的金属。尽管过渡元素都是金属，但第 3 族金属元素的反应特性与第 12 族金属元素的反应特性截然不同。

当从元素"桥"的左边向右边移动时，过渡金属会逐渐发生变化。在"桥"的左侧，元素只有少数电子穿过它们的价电子壳层。拥有这些几乎为空的价电子层的原子更具反应性。确切地来说，如果它们碰巧遇到其他原子，相比之下，它们更有可能放弃自己所拥有的少数电子。因此，根据元素周期表上的位置，像银这样的过渡金属会倾向于保留其价电子，其反应性会低于像钇一类的过渡金属。过渡金属所拥有的化学反应范畴极为宽泛，这种特性为化学家和工程师在利用过渡金属制作物品时提供了众多的可能性。

另外，还存在着一种看待过渡金属"桥"的角度。这种角度下，"桥"被视作金属和非金属之间的一条路径。随着电子层在各个周期从左到右被填满，元素逐渐变得不太像金属，而更像右侧的非金属，特别是第 14 至 17 族中的非金属们。

过渡金属还有另外一个不同寻常的地方，这涉及它们的价电子层壳。与大多数元素不同，过渡金属的价电子没有在最外层电子壳，而是存在于次外层电子壳。在这一壳层中，价电子沿着壳层里的 d 轨道移动，由此使得过渡金属形成了元素周期表中的 d 区。

所有这些特性赋予过渡金属一些非常有用的特性。金属往往坚硬、有光泽且坚固，需要高温才能熔化和煮沸其中的大部分。大多数过渡金属都能很好地导电和导热。许多元素能够以不同的方式与氧结合，从而生成众多不同的化合物。因为过渡金属可以以多种方式与其他元素——尤其是氧气——相互作用，所以它们是很好的催化剂，或者是可以触发或加速化学反应的助剂。尽管这些金属坚固而坚硬，但它们并不脆，或者说易碎。它们可以被延展成细线，或被压平，又或以各种方式弯曲而不会发生断裂。比如，一颗米粒大小的黄金可以被压平成一张约10平方英尺（0.93平方米）的黄金，足够铺满一间小卧室——虽然它的厚度仅有几个原子那么厚。

工业巨头们

人们在日常生活中使用的许多物品中都含有过渡金属。过渡金属中的一些金属具有显而易见的功能，例如作为铸币金属的金、银、铜。铁占所有精炼或提纯金属产量的90%，存在于从订书钉到洗衣机的各类物品中。最为重要的铁产品是钢——一种铁基金属合金。大多数用于制造目的的钢都是铁与碳元素的合金，这使得钢比单纯的铁更坚硬。其他过渡金属也被用来与铁形成合金，用于制作不同用途的钢。钒、铌、钼、锰、铬和镍都被用于制作合金钢。例如，铬和镍与铁形成的合金所制作的不锈钢是一种不会生锈的钢材，通常被用于手术器械、炊具和工具。一些著名的地标建筑物，例如纽约市的摩天大楼克莱斯勒大厦的顶部和圣路易斯大拱门都使用了不锈钢材料进行覆盖。

另一种在工业中享有重要地位的过渡金属是钛，它被专门用于制造那些类似管道或者飞机螺旋桨一类的轻且坚固的工业部件。钛暴露在空气中时会与氧气发生反应，形成一层薄薄的钛和氧的化合物——二氧化钛。正是这种二氧化钛保护了金属们免受腐蚀，同时它也能防止金属在盐水和强气体等环境条件下的逐步分解。这种独特的特性使得钛成为了潜艇和海上石油钻井平台中重要的常用金属之一。而在世界上最著名的建筑之一——西班牙毕尔巴鄂古根海姆艺术博物馆高耸的外墙上也满满覆盖着耐腐蚀的钛板。

铜也是一种不易腐蚀的过渡金属，因此它也被用于制作各类水管。同时，铜还是一种优良的热导体，这也是为什么铜底

战争、大猩猩和手机

在刚果民主共和国，人们被迫参战，儿童们辍学，在泥泞的河岸边长时间工作，珍稀的大猩猩被屠宰用以果腹。与此同时，世界上其他很多地方的学龄儿童们正在用手机给朋友发短信或者放学后急急忙忙回家玩电子游戏。这截然不同的两个世界之间存在关联吗？答案是肯定的，这种关联存在于一种叫钽的元素身上。钽对于包含计算机和手机在内的高科技世界非常重要。它们需要依靠钽来保护计算机芯片上的金属涂层和制造被称为电容器的微型储电设备。虽然钽很少被单独发现，但它可以从一种称为钶铁矿或钶钽铁矿的矿石中提取。

这也就是问题的关键所在，世界上最大的钶钽铁矿产地之一位于刚果民主共和国。刚果是一个贫穷的非洲国家，那里大多数人每天的生活费约为20美分（大约1.5元人民币）。随着全球使用手机和电脑的人数日渐增多，生产商们急需更多的钶钽铁矿，并且愿为获取它们支付高额报酬。

在这种刺激下，刚果和邻近的非洲国家为争夺钶钽铁矿石矿床战争不断，死伤无数。此外，为了获取大量的矿石，他们也不惜摧毁大片的热带雨林。联合国等国际组织纷纷表示，战争对于刚果来说是一场巨大的灾难。这些国际组织已经要求手机和计算机公司能够更加谨慎地从像刚果这些因为矿石引发了诸多暴力事件的地域购买钶钽矿石。

的烹饪锅已经被使用了几个世纪。今天，大多数铜被用于电线的制作，因为它不但导电性良好并且还可以被拉伸成非常薄扁的形状。其他耐腐蚀的过渡金属包括铂、锇和铱。锇和铱常用于制作金属笔尖（钢笔的笔尖）和汽车火花塞的尖头。

这些常见用途仅仅只是过渡金属应用的冰山一角。举例来说，所谓"铜"便士的主要成分是过渡金属锌。铬不仅为"铬"汽车保险杠提供了闪亮的镜面金属涂层，同时也会被添加到某些激光器中促发红色光线的产生。镍和铬结合在一种合金中，可以在制作过程中被添加到烤面包机和吹风机的电线中。

二氧化钛是一种非常白的反光化合物，通常用于牙膏和油漆颜料中。过渡金属镉通常被用来制造鲜艳而持久的颜色，例如镉黄、红色和橙色。艺术家们使用含镉颜料的历史已有数百年，制造商们近期也开始在塑料产品中使用这些颜料。然而，科学家发现镉污染会导致癌症和其他健康问题，所以现在在生活中很少使用这些颜色。

过渡金属钴有着独属自己的艺术历史，它能够为陶器和玻璃添加深蓝色或是绿色。玩过化学玩具套装的人大多制作过"隐形墨水"，这是有关钴元素的又一种不同寻常的作品。隐形墨水是由钴和氯的化合物制作而成的。溶解在水和普通甘油的混合物中时，隐形墨水变成无色，从而隐形。当使用隐形墨水

细菌的"炼金术"

2006 年，在澳大利亚昆士兰州"公园里的托马克"（Tomak in Park）金矿和"不论成功与否"（Hit or Miss）金矿工作的科学家们对矿区周围土壤中发现的金粒进行了仔细研究。这些分散的颗粒和金块通常被称为次生金，因为它们不属于在岩石内部形成的大型金矿床的一部分。

侵蚀可以将大的金矿床分解成次生金粒，但是研究员弗兰克·里斯（Frank Reith）和他的科学家同事们注意到，澳洲矿山里的次生金粒有些不同寻常。在这儿的大多数金粒外部都包裹着一层细菌黏液，甚至有些金粒实际上就是细菌本身。但让人奇怪的是，这些金粒周围的土壤中并不存在任何相同的细菌黏液。

那么黄金和这些细菌黏液有什么关系呢？科学家们认为，一种名为耐抗重金属罗尔斯顿菌（Ralstonia metallidurans）的细菌实际上正在从零开始构建这些小金块。微量的金对罗尔斯顿菌可能具有毒性，因此细菌想出了一种方法来避免它。它们从周围的土壤中将金属吸收入自己的细胞中，并以金粒的形式释放出来。在某些情况下，金会覆盖在细菌的表层，从而在土壤中留下具有金涂层的细菌形状的块状物。

书写的内容被加热时，水和甘油会从钴化合物中分离出来，使得墨水原有的深色再次显现出来。

生活中的日常用品在很多时候也依赖于那些不太为人熟知的过渡金属。灯泡中的灯丝——灯泡内一加热就发光的细丝——是由钨元素制成的。钨可以被拉伸成非常细的金属丝，非常适合制作灯泡中的灯丝。每个 60 瓦的灯泡内都有一根 6 英尺（1.93 米）长的钨丝，它们盘绕起来以便适应灯泡内 1 英寸（2.5 厘米）的空间。氧化钇是过渡金属钇和氧的化合物，用于制造彩色电视机的显像管内的红色。银，作为镶嵌珠宝的金属被人们所熟知，但它也具备扮演"雨水制造者"这种不同寻常角色的能力。碘化银颗粒是一种银和碘的化合物，其形状与冰晶非常相似，有时会被喷洒或"播种"到云中以促进雨滴的形成。

另一种非常规的过渡金属组合发生在泛光照明灯的使用中，就像你们在足球场和棒球场中看到的泛光照明灯一样。在各类竞技场地使用的照明灯中，汞蒸气与化合物碘化钪（过渡金属元素钪和元素碘的组合）结合在一起，使明亮的灯光看起来更像自然阳光。电视节目和电影拍摄中也会使用这种照明灯进行夜间拍摄。

铱并不是一种被人熟知的过渡金属，但它已成为解开 6 500 万年前恐龙如何以及为何灭绝之谜的线索。世界各地的岩层中含有大量的铱，这种状况可以追溯到恐龙灭绝时期。早在 1980 年，一组科学家提出：岩层中的铱来自 6 500 万年前撞击地球的一颗巨大陨石。根据科学家的推测，这一陨石在地球周围制造了风暴并掀起了巨大的尘埃云。在那个时期，不仅仅是恐龙，还有许多其他动植物灭绝。迄今为止，大规模的陨石撞击地球是对所有这些灭绝现象最有说服力的解释之一。

过渡金属在历史上已被证明非常有用，因此在未来一些激

图 5.2 一种革命性的火车旅行方式——在超导金属上行驶的"悬浮"列车

注：超导金属会集中电流，从而导致强磁场的产生。火车上安装的磁性部件在磁场的作用下悬浮在金属轨道上，并以接近每小时 350 英里（约 563 千米/小时）的速度行驶。

动人心的计划中发现它们也就不足为奇了。比如，工程师们已经在过渡金属的帮助下制作了能漂浮在轨道上的火车，同时火车的时速还能达到每小时 350 多英里（约 563 千米/小时）。或许，这听起来就像科幻小说一样！事实上，悬浮火车是通过超导金属线圈所产生的强大磁力进行悬浮和驱动的。在超导体中，电流自由流动，并且不存在任何阻碍和散射能量。过渡金属钇就是超导化合物（例如悬浮列车中使用的化合物）中的关键元素之一。

医学奇迹

在 20 世纪 60 年代，科学家在对细菌进行实验的过程中无意发现了一种奇特的现象。科学家们在电场中培养细菌，试图观察电场对细菌分裂细胞的作用。在电场中，细菌开始生长成由逐渐变大但并不发生分裂的细胞组成的长串。经过仔细研究，研究人员发现实验过程中使用的过渡金属铂与其他化学物质发生了反应，生成了一种后来被命名为顺铂的化合物。正是顺铂这种物质阻止了细胞正常分裂的发生。

科学家们敏锐地意识到顺铂很有可能会成为针对某些类型癌症的有效药物，因为某些特定的癌症正是由细胞的异常分裂方式所引发的。科学家们的研究促成了一些包括顺铂在内的铂基抗癌药物的出现，被沿用至今。

许多其他过渡金属在健康和医学方面具有重要用途。例如，钛不仅仅用于制造飞机，外科医生可以依靠这一轻质金属将断骨拧在一起，还可以用来制造心脏起搏器。过渡金属钴的放射性版本用于杀死某些食物（如肉类）中的有害细菌。冲浪者和沙滩排球运动员用氧化锌化合物（过渡金属锌和氧元素的混合物）涂抹鼻子以防止晒伤。黄金和过渡金属钯被广泛用于制作牙冠，就是牙医粘在蛀牙上的"帽子"。牙齿填充物本身通常是一种汞合金，是过渡金属汞和其他金属（如银、锡和铜）的混合物。尽管汞对人体健康有害，但没有证据表明牙科所使用的汞合金会释放足够的汞以致中毒。

现代医学中最奇怪的过渡金属之一是锝，它在地球上并不自然存在。它的半衰期，或者说半个元素样本分解所需的时间，是如此之短，以至于地球形成时产生的所有锝都已经消失了。但科学家们找到了一种方法，可以使它"死而复生"。元素钼（另一种过渡金属）的同位素分解时，会变成可持续约6小时的锝同位素。锝同位素附着在某些类型的心肌上，可以用类似于X光的特殊机器在肌肉中观察到。因此，医生有时会注射锝同位素以帮助他们准确了解心脏病发作后心脏受损的位置。

锝和其他过渡金属可以救命，但元素周期表这一部分中的其他金属可能会威胁人类健康。汞、镉和镍这一类的过渡金属能够引发皮肤过敏、中毒等一系列问题。有些人还担心含汞化合物的疫苗的健康风险，疫苗是为预防流感等疾病而注射的。然而，大多数医学专家都宣称，没有证据表明这种化合物不安全。

小结

过渡金属是元素周期表第 3 至 12 族和第 4 至 6 周期中的元素。过渡金属包括各种各样的金属，根据它们在金属族中的不同位置，它们的外观和反应方式也不同。大多数过渡金属往往坚硬、有光泽且坚固。这些元素的多样性使它们在家庭、工业和其他领域的无数产品中发挥重要作用。

第 6 章

镧系元素、锕系元素和超铀元素

大多数现代元素周期表的下半部分都包含着两行似乎与其他元素孤立开来的元素。这两行元素就是镧系元素和锕系元素。如果按照原子序数，它们在周期表中应该属于第 6 周期和第 7 周期。一些超长的元素周期表确实把它们挤进了它们应该在的位置中，但是镧系元素和锕系元素的确具有一些有别于其他过渡金属的特性。

镧系元素从镧（原子序数 57）开始，到镱（原子序数 70）结束。锕系元素从锕（原子序数 89）开始，一直到锘（原子序数 102）。[①]

---

① 现行元素周期表镧系元素从镧（原子序数 57）开始到镥（原子序数 71）；锕系元素从锕（原子序数 89）开始，一直到铹（原子序数 103）。——译者注

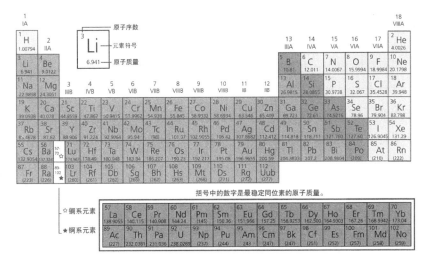

图 6.1　锕系元素

注：镧系元素从镧（原子序数 57）开始，到镱（原子序数 70）结束。锕系元素从锕（原子序数 89）开始，到锘（原子序数 102）结束。

镧系元素包含了元素周期表中特殊的一部分——超铀元素。超铀元素以镎元素（原子序数 93）开始，以轮元素（原子序数 111）结尾，位于第 7 周期上方。[①]镎和钚是被发现的仅有的存在于自然界中的超铀元素，其余的超铀元素都是在实验室中或者人工核反应中被发现或制取的。超铀元素的放射性如此

---

① 现行元素周期表中，原子序数大于 92（铀元素）的元素统称超铀元素。所以在这种定义下，超铀元素起始于镎元素（原子序数 93），但没有如书中所介绍的一样结束于轮元素（原子序数 111）。——译者注

之强，以至于它们中的大多数都属于昙花一现的类型，会在几秒甚至更短的时间内迅速分解。

镧系元素和锕系元素以及超铀元素们都是金属。尽管它们与过渡金属被分开列出，但它们与这些元素中的同类元素仍有一些相似之处。例如，镧元素与它上方的邻居第 3 族元素钇有很多相似之处。

然而，与过渡金属一样，镧系元素和锕系元素在涉及其价电子壳层时也有一些规则上的变化。过渡金属在次外层的壳层中共享来自 d 轨道的电子。镧系元素和锕系元素中的价电子位于更靠近原子核的第三层电子壳中，它们在该壳层中的 f 轨道上运行。因此，镧系元素和锕系元素所在的这两行也被称为元素周期表的 f 区。

将电子添加到更靠近原子核的壳层会对镧系元素产生奇怪

自学成才的科学家：詹姆斯·安德鲁·哈里斯

大部分的化学家们在实验室里做出重要发现之前都已经在学校学习多年并且获得了知名大学的学位。但是詹姆斯·安德鲁·哈里斯（James Andrew Harris）走了一条与众不同的路。哈里斯大学毕业，获得了化学基础学位，随后他在军队服役。在他加入了发现超铀元素𬬻（Rf）和𬭊（Db）的团队之前，他只是在一家公司的实验室里工作。

哈里斯是第一位致力于发现新元素的非洲裔美国人。在 1973 年的一次采访中，他描述了黑人寻找化学家职位的难度。雇主有时会让他做简单的加减法测试，因为他们不相信黑人有能力做更复杂的数学和科学问题。

哈里斯的才华最终在加州大学劳伦斯辐射实验室得到关注，他在那里帮助制备了一些用于发现𬬻和𬭊的元素。尽管他从未完成自己的学业，但他的母校还是授予了他博士学位——科学领域的最高学位——以表彰他在新元素方面所做的工作。

的影响。随着每个新镧系元素的电子和质子数量增加，原子本身实际上会缩小。这是因为电子被添加到靠近原子核的位置，而不是被填充到会扩大原子整体尺寸的外壳。（锕系原子有可能以同样的方式收缩，但大多数锕系元素寿命太短，无法测量其大小。）

不算稀有的"土壤"

镧系元素曾被称为"稀土元素"。事实上，镧系元素并不是特别稀有。虽然铥是一种不太常见的镧系元素，但它在地球上的含量仍然是银的 20 倍。之所以使用"稀土"的名称，是因为对于早期化学家来说，将所有镧系元素彼此分离是一件非常困难的事情。由于这些元素将电子添加到内壳层，所以它们对其他元素都显示出相同的"面孔"。这使得它们与同族的其他元素的反应非常类似，导致很难区分它们。

镧、铕、钇和铽一类的镧系元素为探照灯、荧光灯泡、彩色电视机和计算机显示器提供所需的色彩和光线。电视显像管和电脑屏幕中绿色的背后是铽化合物。钬、铒和钕一类的镧系元素则被混入化合物中为玻璃着色。光纤电缆和特殊镜片中也存在着几种镧系化合物。比如焊工们佩戴的镜片就是含有铒元素和镨元素的护目镜，因为这些元素能够帮助吸收焊枪发出的强光。镧系元素最不寻常的用途之一体现在邮票的印刷上。印刷在邮票上的镧系元素铕与氧气生成的化合物会发出独特的光，一种可以被邮件分拣机轻易"读取"的光。

在某些特定类型的计算机磁性数据存储磁盘中也可以找到镧系金属的身影：钇、铽和镝等元素通常与铁和钴以薄层的形式，像三明治一样夹在一起以制造这些设备。

镧系元素铈和氧生成的化合物被用于汽车中的催化转化器，这些装置用于清洁发动机产生的污浊废气。自洁式烤箱的

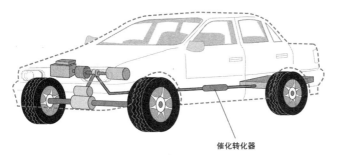

催化转化器

图 6.2 催化转化器

注：汽车的催化转化器负责处理发动机燃烧产生的废气，将诸如氮氧化物等污染物分解，然后再排出车外。

内壁也含有这种化合物。化合物中的铈储存氧气，直到氧气被释放以分解从发动机中抽出的污染性碳和氮气或烤箱中烘烤器具留下的碳壳。一些钢铁制造商仍在使用一种被称为"混合稀土"的镧系元素和铁的混合物，它们被用来清除钢材制造过程中不被需要且能弱化钢材性质的氧和硫。混合稀土在被刮擦时也会产生火花，因此也常被用于制造打火机。

镧系元素钕在对抗造假者方面发挥着不同寻常的作用。钕与铁和硼的结合会形成一种被称为"NIB 磁铁"的强效磁铁。NIB 磁铁的作用非常强大，它甚至可以吸附在那些编织在美国纸币中的微小金属颗粒上。绝大多数造假者无法将这些金属颗粒植入他们的假币中，因此 NIB 磁铁不会吸附在假币上。NIB 磁铁也是构成汽车自动门锁、车窗和电脑硬盘的重要部分。

科技发展到现在，镧系元素在实验室或日常生活中已不再稀有。但是，对于许多化学家来说，它们仍然被视为一种大量元素的集合，因为它们之间几乎不存在真正意义上的区别。

战争中的元素

新元素的发现一般会在科学论文中或科学会议上宣布，但

图 6.3　儿童问答比赛广播节目

注：元素镅和锔是通过 20 世纪 40 年代流行的儿童问答比赛广播节目
（"Quiz Kids"）介绍给大众的。科学家格伦·西博格（左）出现在 1945
年 11 月 11 日的剧集里。

锕系元素镅和锔是在 1945 年的一档儿童问答比赛广播节目
（"Quiz Kids"）中向全世界宣布的。11 月 11 日，这一节目邀请
了一位名叫格伦·西博格（Glenn Seaborg）的年轻科学家作为
节目的特邀科学家。节目中一个孩子问西博格最近是否发现了
新元素时，西博格立马高兴地分享了他在实验室创造出了原子
序数为 95 和 96 的两种新元素的消息。

　　事实上，西博格和他的同事们早在 1944 年就发现了镅
（以皮埃尔·居里和玛丽·居里的名字命名）和锔。但由于他们
的发现属于美国制造原子弹秘密计划的一部分，他们无法在当
时公开。当两颗落在日本的原子弹在 1945 年结束了第二次世界
大战时，一些奇怪的新元素开始出现在了世人的眼中。

　　诸如锕、钍，尤其是铀一类的天然锕系元素在当时已为化
学家们所熟知。与其他重元素一样，锕系元素具有很强的放射

性。锕自身就具有很强的放射性，这种放射性导致它能在黑暗中发光。而且正如西博格和其他科学家发现的一样，铀一类不稳定的放射性锕系元素所释放的粒子可以转变为致命武器。

在原子弹中，单个中子可以分裂单个铀原子并散射其中的中子，然后中子飞散开来以分裂其他原子。这种原子分裂或者裂变过程中所释放出的能量是巨大的，一颗原子弹爆炸的威力等同于 50 万吨三硝基甲苯（TNT）炸药的冲击力。

在第二次世界大战中，科学家们发现，在这些强大的原子分裂爆炸中也可能产生新元素。例如，早期的原子弹实验中发现了新元素锿、锫、锔和镅。此外，科学家们在第一颗聚变炸弹爆炸后的残余中发现了镄、镧一类的锕系元素。在聚变炸弹中，较小的原子在巨大的能量爆发中由于碰撞形成更大的原

图 6.4　聚变炸弹

注：图中巨大的爆炸是聚变炸弹的一个示范，小原子在其中结合形成一个更大的原子。聚变的影响有可能会比分裂原子或裂变所产生的影响大得多。

子，其所爆发的能量可能是裂变爆炸所产生能量的数千倍。

战争中发现和使用的一些元素也同样在和平时期找到了自己的用武之地。与铀引发原子弹爆炸一致的同类反应原理被用于核电站的发电。目前正在绕土星运行的"卡西尼号"宇宙飞船使用的燃料是钚。钚基燃料还为"阿波罗 14 号"宇航员留在月球上的设备提供动力，比如用于检测月壳运动的地震仪。"旅行者号"宇宙飞船也在钚燃料的帮助下将其所携带的黄金唱片发送到恒星。在这两种情况下，钚的放射性衰变产生的热量都被成功转化为电能。

镅是烟雾探测器的关键成分，镅化合物所释放的微小颗粒会在烟雾探测器内产生少量电荷。如果烟雾或烟灰对电荷发生阻挡，烟雾警报即被触发。一克镅足以供 5 000 个烟雾探测器使用。

在 19 世纪末和 20 世纪初，锕系元素钍在欧洲和美国的城市照明中发挥了重要作用。涂有钍化合物的编织棉袋即便在明亮的高温灯光下也不会发生熔化，因此被广泛用于以燃气为供源的路灯中。不过，一旦科学家们认识到使用这种放射性金属有可能存在的危险（同时以电为供源的灯具变得越来越流行），含有钍元素的路灯也彻底消失了。如今，一些以燃气为供源的野营灯仍然含有钍灯芯，尽管大多数灯具制造商已经改用钇或铈化合物来产生相同的光源。

寻找"安定之岛"

元素镄（原子序数 100）之后的元素有时被称为传递元素或超重元素。所有的这些元素都是在实验室中创造的，有些只能持续短短几毫秒就发生衰变。这些元素虽然没有任何特殊用途，但它们在现实中帮助了科学家了解非常重的原子的内部情况。

为了制造新元素，科学家们必须将质子添加到已经存在的元素中。（需要记住的是，一个元素是由它的原子核中有多少质子来定义的。）科学家们有时通过用中子轰击一个元素来实现这一点。这些自由的中子可以从原子核的中子中分离出微小粒子，并将它们转化为质子。在某些情况下，研究人员会使用氦原子核一类的轻粒子轰击目标元素。而一些最重的元素（原子序数106以上）是在一种重元素（如铅）和中等重量元素（如铬）的温和"撞击"过程中产生的。在撞击的作用下，这两种元素的质子会同时聚集在一个超重原子中。

超重元素通常仅会持续几秒或更短时间，这是因为它们的

希望、欺诈和118号元素

制造一种新的超重元素需要很多因素：正确的目标、正确的技术以及一点点运气。劳伦斯伯克利国家实验室的科学家们在用氪离子轰击一个铅靶时，他们认为自己占全了这三点。他们看到了一种具有118个质子的元素，这将是有史以来被发现的最重元素。

这些科学家们在1999年宣布了他们的新发现，使得世界各地的化学家纷纷奔向他们的实验室来亲自尝试这个实验。遗憾的是，没有一个科学家能够重新创造出这种新元素。当伯克利的科学家们自己再次尝试这个实验时，118号元素依然无迹可寻。

伯克利团队非常困惑，于是仔细地查阅了他们第一次实验的笔记。笔记展示了一个令人不愉快的意外——有关118号元素的证据并没有出现在实验的原始记录中。团队中的一位科学家伪造了新超重元素出现的迹象。

这位科学家被实验室解雇了，同时团队中的其他科学家不得不宣布：他们根本就没有找到118号元素。这次事情的发生太让人震撼了，以至于一家杂志称这一欺诈是科学界的"年度崩溃"。不过，118号元素的奇怪案例确实提醒了研究人员一个重要的规则：一个好的实验应该是能被任何人重复进行的。

原子核不稳定。大多数重元素和放射性元素的原子核也是如此。尽管如此，化学家依然认为存在一种方法可以让超重元素的原子核变得更稳定。

在原子核内，质子和中子在类似于原子核外电子壳的轨道或能量壳层中运动。如果这些壳层中充满一定数量的质子和中子，那么与质子和中子在原子核中自由移动的状态相比，原子核会变得更为稳定。研究过这些有关质子和中子"神奇数字"的科学家表示，112号到118号元素可能拥有合适数量的质子和中子，能够在不分解的情况下存活更长时间。因此，这组尚未被发现的元素有时也被称为"稳定岛"。①

元素周期表有结束的时候吗？研究人员认为：在原子的电子轨道变得不稳定之前，原子可以达到的大小有可能是存在限制的。大多数科学家认为最大的原子序数可能会终止在170到210之间，尽管原子核本身可能会在原子序数远小于170的时候分解。

小结

镧系元素和锕系元素位于元素周期表底部，是与其他元素分开单列的两行。按照原子序数的顺序，它们应该排列在元素表中的第6和第7周期，但是它们具有一些能够将它们与同周期元素区分开来的特殊性质。镧系元素彼此非常相似，并且存在一些工业用途；而很多锕系元素则是在第一颗原子弹实验过程中被发现的。锕系元素都具有高放射性，几乎没有实际用处。超铀元素则主要是在实验室中产生的，并且寿命非常短。

---

① 目前，最新被发现的元素是113、115、117和118号元素。——译者注

第 7 章

贫金属、类金属和
非金属

元素周期表第 13 至 16 族中的元素是一个混合的组合。其中一些元素是金属，但它们在化学反应中的表现几乎不像金属，因此也被称为贫金属。这些族中剩余的其他元素虽然毫无疑问都属于非金属，但其中有一些被称为类金属的元素同时具有金属和非金属特征。金属、类金属和非金属有时甚至在同一族中被发现。科学家们发现很难对这些族群冠以一个统一并且得到各方认可的名称。因此，许多研究人员干脆直接组合每族中第一个元素［硼（Boron）、碳（Carbon）、氮（Nitrogen）和氧（Oxygen）］的首字母 BCNOs 来称呼它们。

BCNOs 包含了对地球上生命非常重要的氧、

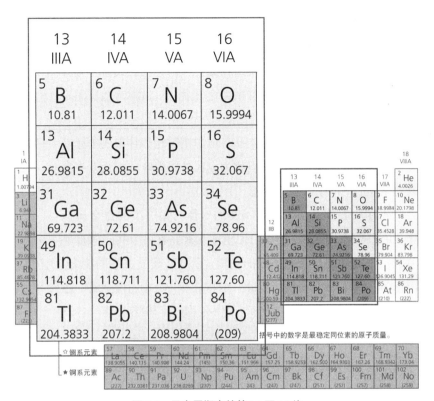

图 7.1　元素周期表的第 13 至 16 族

碳和氮一类元素，包含了对地球早期文明存在巨大作用的金属元素，以及当代高新科技包括计算机芯片及各种设备必不可少的类金属。

　　正如它们在元素周期表中的位置所体现和被预期的那样，这四族中的元素处于真实金属和稳定气体之间的过渡区。位于表中 BCNOs 元素们左侧的是，倾向于将其大部分空价壳层中的电子给予其他原子的真金属们；右侧则是大部分具有全价壳层的、会从其他原子抓取或与其他原子共享电子的气体们。BCNOs 的元素，取决于它们更像金属还是类金属，很有可能涉及上面所提及的电子活动，因为它们的价壳层几乎是半满的。

BCNOs 中的贫金属通常包括铝、镓、铟、铊、锡、铅和铋；类金属包括硼、硅、锗、砷、锑、碲和钋；非金属包括碳、氮、氧、磷、硫和硒。但这种分类目前还没有成为官方分类，化学家们有时对像硼这样的特定元素应该被称为金属还是金属类似物这一问题存在分歧。

BCNOs 和第 17 族的卤素和第 18 族的惰性气体都属于元素周期表 p 区的一部分。之所以称为 p 区是因为区域内元素中参与化学反应的电子来自 p 轨道。

或许从表面上来看，氮一类的气体与铅一类的重金属似乎没有任何共同之处。但是 BCNOs 元素们有一个共同的重要特征：它们具有与众多不同的化学"伙伴"建立关系的能力。BCNOs 元素们"介于两者之间"的特点——无论它像金属、还是像非金属，又或是两者兼而有之——使它们很容易能与各类元素组合在一起。

生命化合物

如果没有一些 BCNOs 中非金属元素之间的伙伴关系，地球上很有可能就不会存在生命。世界上所有植物和动物体内的每个细胞都需要氧气才能生存。氧元素几乎能与其他所有元素结合，甚至是第 18 族中那些通常不与其他元素结合的气体们。碳原子们在 DNA 分子以及细胞中其他众多的化合物（包括类似为细胞提供燃料的碳水化合物，例如糖）中以强链的方式结合在一起。

碳 14，是碳唯一的天然放射性同位素。在它的帮助下，人们得以一窥数千年前人类的生活方式。这种放射性同位素稳定地衰变为氮 14，衰变方式类似于钾衰变为氩的方式，因此可用来帮助测定那些来自考古遗址的植物、骨骼和其他曾经含有碳的有机材料生存的时代。

碳 14 的半衰期约为 5 730 年。近期最著名的碳 14 测年案例之一是阿尔卑斯山上的"冰人"。"冰人"是一具在意大利和奥地利之间的高山上发现的冻成木乃伊的人类尸体，经过对"冰人"保存完好的尸体、尸身上的衣服和周围散落的工具，以及他体内最后一餐的残渣的碳 14 年代测定，最终认定"冰人"大约生活在 5 500 年前。

磷与氧的结合是我们大部分骨骼和牙齿的主要成分。磷也存在于分子 ATP（腺苷三磷酸）中，该分子在细胞内传递化学能。磷的这两个作用，尤其是它在 ATP 的生成中所起的作用，使它成为人类生命必不可少的元素。但是一些被称为有机磷酸酯的氧、磷化合物则属于致命物质。有机磷酸酯是二嗪磷和马拉硫磷一类强效杀虫剂的主要成分，它们可以对人类的神经系统造成严重损伤。有机磷酸酯也存在于包括沙林在内的致命神经毒气中。1995 年日本发生的地铁恐怖袭击中的沙林毒气造成

12人死亡；而1988年伊拉克政府发动的哈拉布贾（Halabja）毒气袭击则造成5 000人死亡。

占地球空气78%的氮气是另一种生命必需的BCNOs元素，但同时它也具有破坏性。氮与氧结合在一起，在细胞内传递化学信息；同时，氮与碳也是DNA分子的重要组成部分。此外，氮元素也是光化学烟雾的重要组成部分。光化学烟雾是一种由阳光与包括二氧化氮在内的多种化合物反应产生的空气污染。火药、硝化甘油（炸药的主要成分）和TNT炸药都含有氮化合物，当化合物受热后会生成剧烈膨胀的氮气。[诺贝尔奖是世界上最著名的科学和写作奖项，是以瑞典的炸药发明者阿尔弗雷德·诺贝尔（Alfred Nobel）的名字命名的。]同时氮气也是汽车安全气囊在碰撞中发生的微小但挽救生命的爆炸的推动力。

BCNOs元素对地球目前的面貌起着至关重要的作用。例如，臭氧是大气层的一部分，保护地球免受太阳的破坏性辐射。植物持续不断地将二氧化碳气体转化为氧气和维持动物生命所需的食物。汽油、机油、煤都是碳氢化合物，是人类所依赖的、为汽车和房屋提供能源燃料的碳化合物。细菌和藻类将氮转化为生命体所需要的包括氮肥在内的各种能量来源。

元素产品的多样性和元素所携带的毒性

大多数BCNOs元素作为化合物的一部分出现在很多常用的产品中。例如，氮与氢结合生成氨。氨自身可与其他元素结合，制成各类清洁液、肥料和炸药等产品。因为硼和氧的化合物只在高温下熔化，所以被用于派热克斯玻璃（知名的玻璃制品品牌）烧烤器具中。硅氧树脂是一种由硅和氧制成的塑料化合物，在高温条件下依然能紧密黏合在一起，同时也具有高防水性。因此硅氧树脂常被用于汽车发动机、窗户密封条，甚至

图 7.2 臭鼬

注：硫磺因其恶臭而闻名。与臭鼬的气味不同，它被人类用来制造大量诸如纸张和洗涤剂一类的日常用品。

护发素中。一种由最重的非放射性元素铋制成的化合物是保护胃免受酸侵害的药物水杨酸亚铋（Pepto-Bismol®）的关键成分。此外，铋化合物还赋予眼影和口红闪亮的外观。

硫化合物用于制造能够使用于轮胎的足够坚固的橡胶。这个制作过程被称为硫化过程。硫还被用于制造洗涤剂、纸张、化肥和药物。有些硫化合物具有强烈的气味。洋葱、大蒜、臭鼬喷射的液体，甚至口臭都是因为硫化合物而具有独特的气味。硫本身不具有任何气味。

铝、锡和铅都是众所周知的元素，具有与其他金属结合的悠久历史。大约公元前 3500 年，青铜（一种锡和铜的合金）的发现为古代文明带来了武器和工具的巨大变化。今天，锡被用于焊料——一种可以熔化并用作一种用胶水将其他金属或电子零件黏合在一起的合金。锡还可以与铜和其他金属制成锡合金。锡合金是一种明亮的银色金属，主要用于盘子、杯子和家居装饰品。轻质铝与许多其他金属形成合金，用于制作从汽水罐到用于隔音室的特殊金属泡沫等各类物品。铝的反射率也很高，所以它被用于生产能收集太阳能的太阳能聚热反光镜子，以及在医疗手术或紧急情况下使用的保暖热反射毯。铝也是一种非常受欢迎的金属，因为回收铝比从新矿石中提取铝的成本更低。

在相对不常见的 BCNOs 化合物中，氧化锑被用于制作具有防火特性的玩具、汽车座椅和飞机部件。这一化合物能够与

美女与巴基球

　　唇彩成分的最新趋势是极尽可能的小——大约比人类头发的宽度小100 000倍。在护肤霜、防晒霜和化妆品中，最热门的新成分是纳米粒子。这些极小的分子大小约为十亿分之一米。当分子变得这么小时，它们的行为通常不同于更大或正常大小的分子。

　　最著名的纳米粒子之一是巴基球，一种由排列成足球形状的60个碳原子组成的中空分子。一些护肤霜现在已经包含巴基球分子。另一种被广泛使用的纳米颗粒是氧化锌。多年以来，游泳者们将氧化锌作为一种黏稠厚重的防晒膏使用。现在，由于新型纳米级的氧化锌化合物非常的小，当它被用作防晒霜进行层层涂抹时，外观看起来依然是透明的。这些产品的制造商表示，与普通大小的颗粒相比，纳米颗粒可以更好地反射光线并抵御对皮肤细胞的伤害。一些化妆品制造商正尝试在眼影和唇膏中使用纳米颗粒，看看这些微小分子是否能产生不同的颜色或如同虹彩一般不断变化的新的视觉效果。

　　纳米粒子现在被应用于许多日常用品中，包括防污衣服和用纳米银粒子编织的袜子。这种特殊的袜子可以直接杀死细菌和真菌并保持脚部气味清新。纳米粒子的广泛使用和人们对它的高接受度，导致科学家们和政府开始更加密切地关注这些分子是否会对人类健康或环境造成危害。

　　研究者们最近发现，21世纪的纳米美容秘诀很有可能只是一种古老概念的新用法。法国科学家们在研究4 000多年前古埃及人使用的染发剂配方时发现，染料中的黑色来自硫化铅纳米晶体。

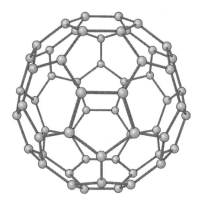

图7.3　巴基球

注：巴基球，又名巴克明斯特富勒烯。它的发现者们获得了1996年诺贝尔化学奖。这一分子的别名旨在向受人尊敬的建筑师巴克明斯特·富勒（Buckminster Fuller）表达敬意。富勒发明了几何圆顶结构。

发生燃烧的材料发生反应，并形成一层化学层，覆盖并熄灭火焰。在古代，埃及人会将锑和硫的化合物与脂肪混合，制成眼影，一种用于为眉毛着色和描绘眼部线条的深色化妆品。所有生物的细胞似乎都需要一点点 BCNOs 中的硒元素，这种元素在复印机和测光表等机器中也非常有用。硒金属在光照下拥有非常优越的导电性，这种特性使其成为某些电子设备的理想选择。在计算机和电子产品中因无可替代而为人熟知的半导体硅元素，在不同的光线下会像蛋白石和玛瑙这类宝石一样闪烁着不同的光芒。

BCNOs 中的铅元素，在现代社会中已经不像过去那样流行了。几个世纪以来，铅化合物先是被普遍用于水管的制作，随后又被添加在油漆和汽油中。但令人遗憾的是，铅会阻止身体制造新的红细胞，因此如果身体吸收了过量铅，最终会导致死亡。现在，铅仍然存在于一些产品中，比如电池、计算机屏幕和电视屏幕所使用的玻璃，不过这些物品中含有的众多电子阻挡了辐射。

铅 糖

直到 20 世纪，一种叫乙酸铅的白色粉末状化学物质一直作为一种使葡萄酒变甜和帮助储存水果的秘密成分存在。罗马人通过在铅锅中煮酒来制成乙酸铅糖浆，之后将其用于各种饮料和食品中。事实上，甜酒很有可能是富有的罗马人经常患痛风的原因之一。痛风是一种关节疼痛性疾病，可能因血液中过高的铅含量引发。使用乙酸铅使葡萄酒和其他酒精饮料变甜的做法持续了漫长的几个世纪，即便人们已经认识到铅可能是一种有毒元素。一些研究人员认为，含铅葡萄酒可能是一些名人死亡的原因，包括著名作曲家路德维希·范·贝多芬（Ludwig van Beethoven）。现在，铅中毒的主要来源之一是旧油漆屑，年龄较小的孩子们会因为油漆屑的甜味而误食。

铅并不是BCNOs元素中唯一的无声杀手。砷、锑和铊的化合物都被用来制作除草剂、杀虫剂和灭鼠药。由于这些元素对土壤和水源也会产生污染，所以现在对它们的使用远比过去要谨慎得多，也更为少量。所有这些元素也被用作慢速谋杀武器。它们造成的只是诸如胃部不适之类的普通健康问题，因此会很难判断一个人是被毒害还是死于自然疾病。

半导体时代

一些重要的类金属如硅和锗也被称为半导体。虽然表现得不如大多数的金属，但半导体依然能够导热和导电。与此同时，半导体也会表现出非导体或者绝缘体的特性。工程师可以通过添加另一种元素的原子来改变半导体的微观结构。BCNOs中的硼、磷、镓和砷都属于经常被添加到硅和锗一类纯半导体中的元素。额外的原子将半导体变成一种新物质——在这种物质中，电流可以轻易地被阻断或连接，并可以轻松地传输到不

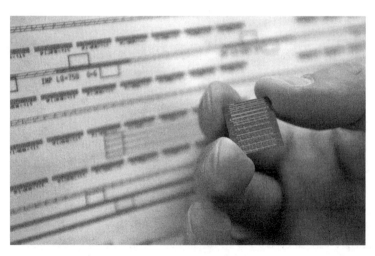

图7.4 硅芯片

注：硅，一种被证明在众多技术进步中发挥了巨大作用的半导体。

同方向。计算机芯片由数以千计的半导体组成。从最简单的层面来说，芯片利用开和关的切换，以及半导体中电流的变化来应答以电子方式传输到芯片中信息的"是"与"否"。数以千计的、在同一块芯片上协同工作的半导体们，是计算机、手机、数码相机、MP3 音乐播放器和其他类似电子设备们隐藏的"大脑"。此外，硅还可以将阳光转化为电能，这也是它能成为太阳能电池板的重要组成部分的原因。

硅是地壳中第二丰富的元素，仅次于第一位的氧。奇怪的是，细菌和动物却并不需要它。相反地，元素周期表中与硅邻近的碳反而取代它成为生命中最重要的元素。不过，硅依然有可能成为生命中最被需要的元素之一。因为计算机技术对人类已经变得如此普遍和重要，以至于很大一部分科学家认为硅将是地球上下一代生命的新组成部分。

小结

BCNOs 元素们位于元素周期表的第 13 至 16 族中。BCNOs 包含贫金属、类金属和非金属。这些元素中不但包含了生命所必需的氧和碳一类的元素，还包含了铝一类的重要工业金属元素，以及在计算机和其他高科技设备中必不可少的，包括硅元素在内的半导体。

第 8 章

卤族元素和惰性气体

　　在元素周期表上毗邻的第 17 族和第 18 族元素，几乎不存在任何共同点。第 17 族元素，也被称为卤族元素，是能与第 1 族的碱金属发生强烈化学反应的元素类型之一。第 18 族元素，被称为惰性气体，化学反应性极低。事实上，惰性气体之所以也被称为"高贵气体"，是因为它们如同居住在宫殿里的国王一样远离普通人——一些惰性气体根本不与任何其他元素相互作用。

　　卤族元素都是有毒的非金属，但由于它们的化学反应性非常强，所以在自然界中很少单独存在。为什么它们能如此轻易且经常地与其他元素配对呢？它们在元素周期表所处的位置再一次给我们提供了线索。作为第 17 族元素，它们的价电子壳层有 7 个电子——只差 1 个电子就可以成为完整的壳层。许多元素都有一个电子，它们可以

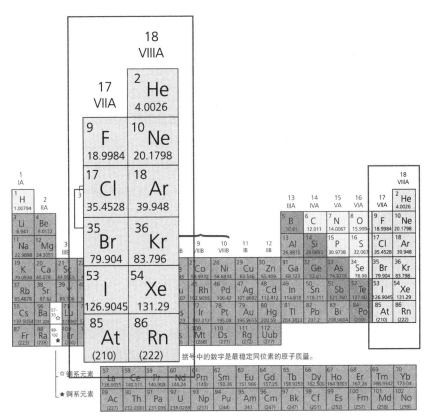

图 8.1　元素周期表的第 17 族（卤素）和第 18 族（惰性气体）元素

腾出或至少共享 1 个电子来填充卤族元素的外壳。卤族元素在碱金属中拥有一位天生的伙伴——因为碱金属在化学反应中表现最好，其间它们会释放最外壳层中的孤立电子。卤族元素这个词的本源含义是"制盐者"，因为碱金属和卤素结合会产生不同种类的盐。

　　门捷列夫在写下他的第一个元素周期表时并不知道惰性气体的存在。这种具有"贵族气质"的气体因为它们不与任何其他元素发生反应的特性，完美地藏匿在了化学家们的实验中。直到 19 世纪后期，英国的化学家从空气中分离出了惰性气体，从而发现了大部分惰性气体的存在。正如它们在元素周期表中所处位置所展示的一样，惰性气体具有完整的价电子层。正因如此，它们不需要获得或失去电子，所以也就极少与其他元素相互作用。这也是为什么氦和氖从未在任何化合物中被发现过。当然，化学家是能够通过实验室刻意制造的特殊环境来促使氩、氪、氙与其他元素反应。

第 13 至 16 族中的卤族元素、惰性气体以及 BCNOs 都属于元素周期表 p 区的一部分。而以 p 区命名的原因则是这些元素中的价电子都排布在 p 轨道上。

卤族元素的利用

卤族元素的高反应性对人类来说是一把双刃剑。由于卤族元素与其他众多元素的易结合性，它在某种程度上激发了很多化学家或者其他人的疯狂科学创造力。例如，氟和氯这两种卤族元素气体就特别适合用于创造新材料和改变其他材料中的化合物。

人们听到氟的时候，第一反应就是牙膏。事实上也是这样，复合氟化钠是最受欢迎的牙膏添加剂。氟化物将牙釉质转化成更为坚硬的形式，以此来保护牙齿免受腐蚀性酸的侵害。碳氟化合物则是氟和碳原子链的组合，是不粘特氟龙（Teflon）和防水面料戈尔特斯（GoreTex）的主要使用材料。氟还是一些抗真菌和抗生素药物的主要成分，同时也是手术中全麻使用的化学物质之一。此外，这种高活性气体还用于硅片中微小电路的刻蚀。

作为家用漂白剂的一部分或用于保持游泳池清洁的化学品，大多数的人对氯都很熟悉。氯化合物被广泛用于杀菌、药物制造，有时还用于纸的漂白。而聚氯乙烯，也就是 PVC 塑料，则存在于从管道到草坪椅再到地板的所有事物中。在第一次世界大战中的第二次伊普尔战役中，德国人第一次将氯气作为武器使用——厚重的黄绿色气体进入士兵的战壕，导致成千上万的士兵因窒息而死。

　　砹是最重的卤族元素，具有很高的放射性，地球上曾经存在过不到一克的砹。溴和碘的反应性略低于氟和氯，因此用途较少。相机胶卷使用溴和银的感光化合物，溴会产生浓郁的紫色染料。在铅被认为是有毒污染物并从汽油中去除之前，溴被添加到汽油中以防止发动机"爆震"——一种由于发动机中气体燃烧不均匀所引发的震动现象。此外，柑橘味苏打水和饮料的制造商会在他们的产品中添加植物油和溴的混合物，以保持柑橘味在整个液体中均匀分布。

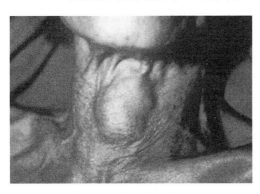

图 8.2　甲状腺肿大

注：碘元素负责调节人体内该腺体的健康。

　　碘是一种像氯一样的杀菌剂，也是人类甲状腺健康所必需的元素。事实上，居住在核电站附近的人们经常会得到碘钾丸作为应急物资，以防核电站发生放射性碘泄漏。这些药丸将在此类特定情况下帮助人类甲状腺充满正常的碘，以防止腺体吸收危害极大的放射性版本的碘元素。

　　一些卤族元素化合物对人类和地球的健康反应过于活跃。它们可以如同杀死细菌或将木材分解成纸张那样，摧毁人体健康细胞或者攻击地球大气层。例如，氯氟烃（或简称为 CFC）曾经是流行一时的用于冰箱和空调冷却的化学合成物，也用于推动喷雾罐中的发胶和除臭剂的气体。而现在，CFC 已经被广泛禁止，因为它们会对地球大气层产生破坏。氯也是杀虫剂

DDT、干洗剂和多氯联苯等化合物的一部分。所有这些产品现在都被禁止或者很少使用，因为它们能够引发环境污染和包括癌症和肝脏病变在内的健康问题。

臭氧消耗者

在地球表面上方约 12 至 15 英里（约 20 至 25 公里）处，一层薄薄的气体保护我们免受太阳有害射线的伤害。这层气体就是臭氧，由三个氧原子组成的分子，可以吸收太阳的紫外辐射。20 世纪 70 年代，科学家发现臭氧层受到 CFC 的攻击。

研究人员发现，从一罐发胶中释放出的 CFC 不会消失。它们漂浮在臭氧层的高处，在紫外线辐射下被分解。氟氯化碳分子的残骸含有高度活跃的氯原子，可以破坏臭氧。

20 世纪 80 年代，研究南极洲大气层的科学家宣布他们在该大陆上空的臭氧层中发现了一个"洞"，震惊了世界。这一惊人的发现促成了一项名为《蒙特利尔议定书》的国际条约，该条约禁止在大多数产品中使用 CFC。世界上几乎所有国家都签署了该条约，使得大气中消耗臭氧的 CFC 数量急剧减少。

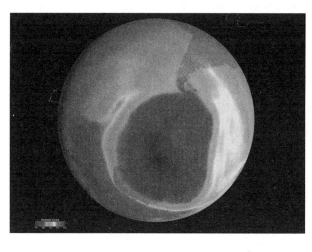

图 8.3 臭氧空洞

注：这是 1998 年 10 月 1 日，卫星拍摄的南极洲上的臭氧空洞的卫星图像。这个洞大得惊人，很可能是由于大气中过多的氟氯化碳分解了臭氧层的氧分子。

第18族元素的明亮色彩

几乎每个人都看见过霓虹灯灿烂而炽热的红色光芒，但事实上，氖和其他惰性气体一样，都是天然无色无味的。人们所看到的红色氖气、粉桃色氦气、蓝紫色氩气、黄绿色氪气和蓝绿色氙气都是经由特殊的电激发而形成的。

当电荷穿过位于玻璃管或其他类型的封闭容器内的气体时，霓虹灯就会亮起。这是因为氖原子中的电子吸收了进入的电荷。电荷所携带的能量起到推动作用，将电子从它们的正常能量壳层推入更高能级的壳层。电子落回到它们的正常外壳中时，以光子的形式释放电能来保持原子稳定。正是这些光子赋予了氖气和其他惰性气体特殊的光芒。

惰性气体最擅长和被使用的最广泛的领域就是照明。它们不但被用来产生彩色灯光，也被用来填充普通灯泡。当灯泡内的钨丝暴露于正常空气中时，空气中的氧气会对钨丝造成损害。作为问题的解决方案之一，灯泡制造商有时会使用惰性气体（如氩气）包裹住脆弱的电线，因为这种气体完全不会与钨发生反应。氙气和氪气通常用于相机的闪光灯和机场跑道灯。氙气闪光灯产生的强烈但短暂的白光也被用作频闪灯，就像在舞蹈俱乐部中所看到的那样。杂货店的结账扫描仪使用的则是氦氖激光器。

除去照明领域，大多数惰性气体的其他用途都利用了它们稳定且不易发生反应的特性。比如用于计算机的硅片有时会在氩气环境中被制造，因为氩气能够为硅片的组装提供洁净的环境，而且不会与空气中的破坏性氧分子相互作用。氩气则为炼钢提供了一个非反应性环境，它被泵入酒桶的顶部，以防止空气中的氧气与酒发生反应。出于类似的原因，博物馆的展品，如绘画和旧文件，如《独立宣言》，有时会被装在充满保护性的氩气容器中。

在 1937 年充满高反应性氢气的"兴登堡号"发生火灾坠毁后，气球和飞艇开始改用轻质和非反应性的氦气进行填充。

氦不但是最轻的惰性气体，还很有可能是宇宙中形成的第二种元素。与别的元素相比，它还有其他几个非常有意思的用途。氦需要在非常低的温度（接近零下 257 ℃）下才能发生冻结，这使得它非常适用于冷却其他材料。例如，液态氦被用于冷却磁共振成像（MRI）中使用的超强磁体。（核磁共振成像仪能让医生比使用简单的 X 光时更细节地观测人体内的骨骼和软组织。）在深海潜水员的气罐中混合着氦气和氧气。在海洋深处，空气中的氧气和氮气更容易溶解到血液中。血液中多余的氮会导致潜水员丧失方向感，有时也会引发"减压症"。减压症是一种血液中形成了氮气气泡的痛苦病症。血液中过多的溶解氧最终会毒害大脑。当潜水员携带氧气和氦气的混合物时，他们发生这些危及生命的问题的可能性会较小，因为氧气和氦气的混合物更难溶解于血液中。

与其他族的重元素一样，惰性气体中有一种放射性元素——氡。氡可以分解成危险的同位素，能够入侵肺部并导致癌症。事实上，氡在美国是仅次于香烟的第二大肺癌诱因。在 20 世纪 80 年代，科学家们发现危险的氡可能会在没有窗户或其他能让气体逸出通道的房屋地下室或底层房间中积聚。氡还被发现会在地下矿井中聚集。

小结

卤族元素存在于元素周期表的第 17 族中，惰性气体则位于第 18 族中。卤族元素具有高反应性，最常与第 1 族中的碱金属形成化合物。惰性气体则大多不具有反应性。卤族元素具有一些重要的工业用途，但在某些情况下它们会对人类和环境产生有害影响。惰性气体因其能在充电时产生独特的颜色而闻名。

第 9 章

元素周期表的边缘

从人类第一次使用工具并尝试以其他方式改变环境开始，人类就知道世界是由基本物质构成的。几千年后，古代文明就世界是由火和水一类的基础元素构成的认知达成了一致。在随后的几百年间，与现代版本一致的元素列表及元素对应属性也开始被发现。简单且精美的物质系谱，也即元素周期表，终于在 19 世纪被发现。但是直到 20 世纪初，亚原子粒子最终被发现时，元素本身的组成部分，也是元素周期表具有周期性的根本原因，才为人所知。最近被添加到元素周期表里的元素之前并不存在，直到 20 世纪中叶，科学家们在战争的废墟中识别出它们并重新创造出它们。

但是元素周期表的悠久历史到此就彻底结束了吗？毕竟，表格已经被填满，并且将它们组成周期和族的模式也众所周知。那么科学家、发明家、医生和艺术家是否仍然对元素周期表及其所携带的各类信息感兴趣呢？

答案是肯定的。自从门捷列夫将简单的元素列表变成有用的科学工具以来，元素周期表一直是研究人员用来探索物质宇宙的途径。旧元素不断地被发现新用途，例如防晒霜中的锌纳米颗粒。同时，人们发现常见的反应也会引发严重的问题，例如氯氟烃对臭氧层的破坏。就像门捷列夫一样，科学家们正在预测那些从未被发现过但被确定将在某一天会在实验室中制造出来的全新元素的存在。

正如一些前沿研究所证明的那样，化学的未来仍然存在于元素周期表的行与列中。同时，生命的未来也存在于元素周期表中。因为人们一直在尝试着寻找通过药物、替代燃料和高科技产品来提高生活质量的方法。

寻找地球上的太空生物

如果在宇宙其他的地方发现生命，它会和地球上的生命看起来一样吗？科学家们正在通过观察生活在这个星球上的一些最奇异和超凡脱俗的生物来为第一次看到地外生命做准备。他们研究生活在刺激性化学物质环境或极热和极冷温度环境中的嗜极生物、细菌和其他动物，比如管虫。这些动物生活在大多数生物都避开的地方，例如南极洲的冻土、充满滚烫热水的海底裂缝或充满矿物质的热温泉。许多嗜极生物不同于大多数生物，并不依赖氧气而是依赖硫生存。硫是一种与BCNOs密切相关的元素。研究人员预测：如果生命确实存在于不同于拥有充满氧气的大气环境的地球的其他行星上，那么它们很可能不但外观看起来像，行为也有可能像嗜硫细菌。

"超级原子"的诞生

1995 年，科罗拉多州的两位科学家找到了一种方法，可以将铷原子冷却到比绝对零度（是目前能在理论上预测的最低温度）高不到百万分之一的温度。在这种令人震惊的低温下，原子出现了一些前所未见的状态。原子们转换成了一种全新的物质状态，这种状态被称为玻色-爱因斯坦凝聚态（简称 BEC）。在 BEC 状态下，极低的温度迫使一组原子中的每个原子进入完全相同的能级。当这种状况发生时，每个单独的原子都无法与其余原子分开，所有原子都会坍缩成一个"超级原子"或BEC。自 1995 年以来，其他科学家已经用钠、氢、氦、钾、镱、铯和铬原子制造了"超级原子"。可惜的是，目前研究人员仍然不确定该如何使用玻色-爱因斯坦凝聚体。虽然存在一些想法，包括使用超级原子作为微型分子大小计算机的一部分，或者像激光一样使用 BEC 光束，但都未应用于实践。

医用金属

今天的医学研究人员认为，古代炼金术士在混合不同的金属来治疗某些特定疾病时可能已经有所发现。科学家们在很早的时候就知道像铜和锌一类的金属对人体健康很重要。不过现在的研究发现，很多体内细胞为了正常工作需要少量金属，如硒、砷和钼等，这些金属被高剂量摄入则会具有毒性。在现代社会，科学家们会将他们对细胞生物学的了解与有关原子结构和金属元素相互反应的信息结合在一起来研发新型药剂。例如，钒现在被用于治疗糖尿病的药物之中。肾衰竭患者则服用碳酸镧（一种镧、碳和氧的化合物）来对抗血液中过高的磷酸盐水平。少量的钆和铟能够使身体的磁共振成像的图片更加清晰，医生也能更容易发现问题。

闪存中的内存

手机、数码相机、MP3 播放器和计算机的记忆条都依赖于一种名为快闪存储器的设备。快闪存储器是一种在各种电子设备中存储信息的方式，即便这些电子设备已经被拔除电源或者无法从电池一类的电源接收电力。在短短十多年的时间里，快闪存储器已经成为现代电子产品中的重要组成部分，研究人员已经做好一切准备尝试对它进行改进。快闪存储设备的制造原料是硅，但是现在许多科学家已经将目光转向其他的 BCNOs 元素，试图制造运行速度更快、存储信息更多的存储设备。例如，一些研究人员已经使用碳纳米管（巴基球的长线状版本）构建了一种新型闪存。纳米管存储设备将比目前使用的闪存设备体积小数百倍。已经有三家科技公司最近宣布：他们已经开发出一种新的锗和锑合金，可用于制造速度至少比原有快闪存储器快 500 倍的存储设备。此外，另一组科学家则希望用一种不寻常的成分——一种能造成烟草植物感染的活病毒块——制造一种比闪存更快的存储设备。当这些活的病毒块被铂纳米颗粒包裹时，它们可以被用作微型电子开关，能在几微秒内在关闭和开启之间切换。

元素和濒危物种

犀牛属于地球上最濒危的动物之一。即便如此，每年仍有很多犀牛因为犀牛角高昂的售价（犀牛角被用于制造匕首的刀柄或被研磨成粉入药）而被捕杀。其他濒临灭绝的动物，如穴小鸮（一种在洞穴生活的小型猫头鹰），虽然没有被人类大范围猎杀，但仍在以惊人的速度消失。目前，科学家们正在尝试使用微量的某些元素的同位素来帮助追踪和保护这些物种。科学家们发现犀牛等动物的毛发、羽毛、骨骼和角中含有独特的同位素。这些同位素主要通过动物所吃的食物进入动物体内，形成一种化学"指纹"。这些独特的化学"指纹"可以告诉研究人员动物生活的确切位置。例如，科学家们最近的研究发现：在南非某动物保护区中，因为当地存在着富含锶的火山岩，所以此地犀牛的角中含有一种特殊的锶同位素。濒危物种侦探可以利用在世界各地销售的犀牛角中的这种锶"指纹"来查明保护区内的犀牛是否因犀角而被非法猎杀。其他的诸如氢、碳、氮和硫的同位素则被广泛用于追踪从大象到蝴蝶等消失的物种们。

小结

这些有关元素周期表的"边缘"研究报告表明：有关宇宙建构要素的故事还远未结束。在门捷列夫发现元素周期表模式130多年后，人们仍然通过元素周期表进行搜索和研究，以便能够寻找到可以被构建的新事物、解决新出现的各类物质问题的方法，以及看待世界的新途径。

附录一　元素周期表

1 IA								
1　H 氢 1.00794	2 IIA							
3　Li 锂 6.941	4　Be 铍 9.0122							
11　Na 钠 22.9898	12　Mg 镁 24.3051	3 IIIB	4 IVB	5 VB	6 VIB	7 VIIB	8 VIIIB	9 VIIIB
19　K 钾 39.0938	20　Ca 钙 40.078	21　Sc 钪 44.9559	22　Ti 钛 47.867	23　V 钒 50.9415	24　Cr 铬 51.9962	25　Mn 锰 54.938	26　Fe 铁 55.845	27　Co 钴 58.9332
37　Rb 铷 85.4678	38　Sr 锶 87.62	39　Y 钇 88.906	40　Zr 锆 91.224	41　Nb 铌 92.9064	42　Mo 钼 95.94	43　Tc 锝 (98)	44　Ru 钌 101.07	45　Rh 铑 102.9055
55　Cs 铯 132.9054	56　Ba 钡 137.328	57-70 ☆	71　Lu 镥 174.967	72　Hf 铪 178.49	73　Ta 钽 180.948	74　W 钨 183.84	75　Re 铼 186.207	76　Os 锇 190.23	77　Ir 铱 192.217
87　Fr 钫 (223)	88　Ra 镭 (226)	89-102 ★	103　Lr 铹 (260)	104　Rf 𬬻 (261)	105　Db 𬭊 (262)	106　Sg 𬭛 (266)	107　Bh 𬭶 (262)	108　Hs 𬭳 (263)	109　Mt 鿏 (268)

原子序数 — 3　Li
元素符号 — Li
元素名称 — 锂
原子质量 — 6.941

☆ 镧系元素

★ 锕系元素

57　La 镧 138.9055	58　Ce 铈 140.115	59　Pr 镨 140.908	60　Nd 钕 144.24	61　Pm 钷 (145)
89　Ac 锕 (227)	90　Th 钍 232.0381	91　Pa 镤 231.036	92　U 铀 238.0289	93　Np 镎 (237)

括号中的数字是最稳定同位素的原子质量。

								18 VIIIA
			13 IIIA	14 IVA	15 VA	16 VIA	17 VIIA	2　He 氦 4.0026
			5　B 硼 10.81	6　C 碳 12.011	7　N 氮 14.0067	8　O 氧 15.9994	9　F 氟 18.9984	10　Ne 氖 20.1798
10 VIIIB	11 IB	12 IIB	13　Al 铝 26.9815	14　Si 硅 28.0855	15　P 磷 30.9738	16　S 硫 32.067	17　Cl 氯 35.4528	18　Ar 氩 39.948
28　Ni 镍 58.6934	29　Cu 铜 63.546	30　Zn 锌 65.409	31　Ga 镓 69.723	32　Ge 锗 72.61	33　As 砷 74.9216	34　Se 硒 78.96	35　Br 溴 79.904	36　Kr 氪 83.798
46　Pd 钯 106.42	47　Ag 银 107.8682	48　Cd 镉 112.412	49　In 铟 114.818	50　Sn 锡 118.711	51　Sb 锑 121.760	52　Te 碲 127.60	53　I 碘 126.9045	54　Xe 氙 131.29
78　Pt 铂 195.08	79　Au 金 196.9655	80　Hg 汞 200.59	81　Tl 铊 204.3833	82　Pb 铅 207.2	83　Bi 铋 208.9804	84　Po 钋 (209)	85　At 砹 (210)	86　Rn 氡 (222)
110　Ds 鐽 (271)	111　Rg 錀 (272)	112　Cn 鎶 (277)	113　Uut (284)	114　Fl 鈇 (285)	115　Uup (288)	116　Lv 鉝 (292)	117　Uus ?	118　Uuo ?

62　Sm 钐 150.36	63　Eu 铕 151.966	64　Gd 钆 157.25	65　Tb 铽 158.9253	66　Dy 镝 162.500	67　Ho 钬 164.9303	68　Er 铒 167.26	69　Tm 铥 168.9342	70　Yb 镱 173.04
94　Pu 钚 (244)	95　Am 镅 243	96　Cm 锔 (247)	97　Bk 锫 (247)	98　Cf 锎 (251)	99　Es 锿 (252)	100　Fm 镄 (257)	101　Md 钔 (258)	102　No 锘 (259)

Legend:
3 Li 锂 [He] 2s¹
- 原子序数 (atomic number)
- 元素符号 (element symbol)
- 元素名称 (element name)
- 电子排布 (electron configuration)

1 IA ns¹	2 ns²	3 IIIB	4 IVB	5 VB	6 VIB	7 VIIB	8 VIIIB	9 VIIIB
1 H 氢 $1s^1$								
3 Li 锂 $[He]2s^1$	4 Be 铍 $[He]2s^2$							
11 Na 钠 $[Ne]3s^1$	12 Mg 镁 $[Ne]3s^2$							
19 K 钾 $[Ar]4s^1$	20 Ca 钙 $[Ar]4s^2$	21 Sc 钪 $[Ar]4s^23d^1$	22 Ti 钛 $[Ar]4s^23d^2$	23 V 钒 $[Ar]4s^23d^3$	24 Cr 铬 $[Ar]4s^13d^5$	25 Mn 锰 $[Ar]4s^23d^5$	26 Fe 铁 $[Ar]4s^23d^6$	27 Co 钴 $[Ar]4s^23d^7$
37 Rb 铷 $[Kr]5s^1$	38 Sr 锶 $[Kr]5s^2$	39 Y 钇 $[Kr]5s^24d^1$	40 Zr 锆 $[Kr]5s^24d^2$	41 Nb 铌 $[Kr]5s^14d^4$	42 Mo 钼 $[Kr]5s^14d^5$	43 Tc 锝 $[Kr]5s^14d^6$	44 Ru 钌 $[Kr]5s^14d^7$	45 Rh 铑 $[Kr]5s^14d^8$
55 Cs 铯 $[Xe]6s^1$	56 Ba 钡 $[Xe]6s^2$	57-70 ☆	71 Lu 鲁 $6s^24f^{14}5d^1$	72 Hf 铪 $4f^{14}6s^25d^2$	73 Ta 钽 $[Xe]6s^25d^3$	74 W 钨 $[Xe]6s^25d^4$	75 Re 铼 $[Xe]6s^25d^5$	76 Os 锇 $[Xe]6s^25d^6$	77 Ir 铱 $[Xe]6s^25d^7$
87 Fr 钫 $[Rn]7s^1$	88 Ra 镭 $[Rn]7s^2$	89-102 ★	103 Lr 铹 $[Rn]7s^25f^{14}6d^1$	104 Rf 𬬻 $[Rn]7s^26d^2$	105 Db 𬭊 $[Rn]7s^26d^3$	106 Sg 𬭛 $[Rn]7s^26d^4$	107 Bh 𬭶 $[Rn]7s^26d^5$	108 Hs 𬭳 $[Rn]7s^26d^6$	109 Mt 鿏 $[Rn]7s^26d^7$

☆ 镧系元素
★ 锕系元素

57 La 镧 [Xe] $6s^25d^1$	58 Ce 铈 [Xe] $6s^24f^15d^1$	59 Pr 镨 [Xe] $6s^24f^35d^0$	60 Nd 钕 [Xe] $6s^24f^45d^0$	61 Pm 钷 [Xe] $6s^24f^55d^0$
89 Ac 锕 $[Rn]7s^26d^1$	90 Th 钍 [Rn] $7s^25f^06d^2$	91 Pa 镤 [Rn] $7s^25f^26d^1$	92 U 铀 [Rn] $7s^25f^36d^1$	93 Np 镎 [Rn] $7s^25f^46d^1$

			18 VIIIA ns^2np^6

13 IIIA ns^2np^1	14 IVA ns^2np^2	15 VA ns^2np^3	16 VIA ns^2np^4	17 VIIA ns^2np^5	2 He 氦 $1s^2$
5 B 硼 $[He]2s^22p^1$	6 C 碳 $[He]2s^22p^2$	7 N 氮 $[He]2s^22p^3$	8 O 氧 $[He]2s^22p^4$	9 F 氟 $[He]2s^22p^5$	10 Ne 氖 $[He]2s^22p^6$
13 Al 铝 $[Ne]3s^23p^1$	14 Si 硅 $[Ne]3s^23p^2$	15 P 磷 $[Ne]3s^23p^3$	16 S 硫 $[Ne]3s^23p^4$	17 Cl 氯 $[Ne]3s^23p^5$	18 Ar 氩 $[Ne]3s^23p^6$

10 VIIIB	11 IB	12 IIB						
28 Ni 镍 $[Ar]4s^23d^8$	29 Cu 铜 $[Ar]4s^13d^{10}$	30 Zn 锌 $[Ar]4s^23d^{10}$	31 Ga 镓 $[Ar]4s^24p^1$	32 Ge 锗 $[Ar]4s^24p^2$	33 As 砷 $[Ar]4s^24p^3$	34 Se 硒 $[Ar]4s^24p^4$	35 Br 溴 $[Ar]4s^24p^5$	36 Kr 氪 $[Ar]4s^24p^6$
46 Pd 钯 $[Kr]4d^{10}$	47 Ag 银 $[Kr]5s^14d^{10}$	48 Cd 镉 $[Kr]5s^24d^{10}$	49 In 铟 $[Kr]5s^25p^1$	50 Sn 锡 $[Kr]5s^25p^2$	51 Sb 锑 $[Kr]5s^25p^3$	52 Te 碲 $[Kr]5s^25p^4$	53 I 碘 $[Kr]5s^25p^5$	54 Xe 氙 $[Kr]5s^25p^6$
78 Pt 铂 $[Xe]6s^15d^9$	79 Au 金 $[Xe]6s^15d^{10}$	80 Hg 汞 $[Xe]6s^25d^{10}$	81 Tl 铊 $[Xe]6s^26p^1$	82 Pb 铅 $[Xe]6s^26p^2$	83 Bi 铋 $[Xe]6s^26p^3$	84 Po 钋 $[Xe]6s^26p^4$	85 At 砹 $[Xe]6s^26p^5$	86 Rn 氡 $[Xe]6s^26p^6$
110 Ds 𫟼 $[Rn]7s^16d^9$	111 Rg 𬬭 $[Rn]7s^16d^{10}$	112 Cn 鿔 $[Rn]7s^26d^{10}$	113 Uut ?	114 Fl 𫓧 ?	115 Uup ?	116 Lv 𫟷 ?	117 Uus ?	118 Uuo ?

62 Sm 钐 $[Xe]6s^24f^65d^0$	63 Eu 铕 $[Xe]6s^24f^75d^0$	64 Gd 钆 $[Xe]6s^24f^75d^1$	65 Tb 铽 $[Xe]6s^24f^95d^0$	66 Dy 镝 $[Xe]6s^24f^{10}5d^0$	67 Ho 钬 $[Xe]6s^24f^{11}5d^0$	68 Er 铒 $[Xe]6s^24f^{12}5d^0$	69 Tm 铥 $[Xe]6s^24f^{13}5d^0$	70 Yb 镱 $[Xe]6s^24f^{14}5d^0$
94 Pu 钚 $[Rn]7s^25f^66d^0$	95 Am 镅 $[Rn]7s^25f^76d^0$	96 Cm 锔 $[Rn]7s^25f^76d^1$	97 Bk 锫 $[Rn]7s^25f^96d^0$	98 Cf 锎 $[Rn]7s^25f^{10}6d^0$	99 Es 锿 $[Rn]7s^25f^{11}6d^0$	100 Fm 镄 $[Rn]7s^25f^{12}6d^0$	101 Md 钔 $[Rn]7s^25f^{13}6d^0$	102 No 锘 $[Rn]7s^25f^{14}6d^1$

附录三　原子质量表

元素	符号	原子序数	原子质量	元素	符号	原子序数	原子质量
锕	Ac	89	（227）	锿	Es	99	（252）
铝	Al	13	26.9815	铒	Er	68	167.26
镅	Am	95	243	铕	Eu	63	151.966
锑	Sb	51	121.76	镄	Fm	100	（257）
氩	Ar	18	39.948	氟	F	9	18.9984
砷	As	33	74.9216	钫	Fr	87	（223）
砹	At	85	（210）	钆	Gd	64	157.25
钡	Ba	56	137.328	镓	Ga	31	69.723
锫	Bk	97	（247）	锗	Ge	32	72.61
铍	Be	4	9.0122	金	Au	79	196.9655
铋	Bi	83	208.9804	铪	Hf	72	178.49
𬭛	Bh	107	（262）	𬭳	Hs	108	（263）
硼	B	5	10.81	氦	He	2	4.0026
溴	Br	35	79.904	钬	Ho	67	164.9303
镉	Cd	48	112.412	氢	H	1	1.00794
钙	Ca	20	40.078	铟	In	49	114.818
锎	Cf	98	（251）	碘	I	53	126.9045
碳	C	6	12.011	铱	Ir	77	192.217
铈	Ce	58	140.115	铁	Fe	26	55.845
铯	Cs	55	132.9054	氪	Kr	36	83.798
氯	Cl	17	35.4528	镧	La	57	138.9055
铬	Cr	24	51.9962	铹	Lr	103	（260）
钴	Co	27	58.9332	铅	Pb	82	207.2
铜	Cu	29	63.546	锂	Li	3	6.941
锔	Cm	96	（247）	镥	Lu	71	174.967
𫟼	Ds	110	（271）	镁	Mg	12	24.3051
𬭊	Db	105	（262）	锰	Mn	25	54.938
镝	Dy	66	162.5	𨧀	Mt	109	（268）

元素	符号	原子序数	原子质量	元素	符号	原子序数	原子质量
钔	Md	101	（258）	𬬻	Rf	104	（261）
汞	Hg	80	200.59	钐	Sm	62	150.36
钼	Mo	42	95.94	钪	Sc	21	44.9559
钕	Nd	60	144.24	𬭲	Sg	106	（266）
氖	Ne	10	20.1798	硒	Se	34	78.96
镎	Np	93	（237）	硅	Si	14	28.0855
镍	Ni	28	58.6934	银	Ag	47	107.8682
铌	Nb	41	92.9064	钠	Na	11	22.9898
氮	N	7	14.0067	锶	Sr	38	87.62
锘	No	102	（259）	硫	S	16	32.067
锇	Os	76	190.23	钽	Ta	73	180.948
氧	O	8	15.9994	锝	Tc	43	（98）
钯	Pd	46	106.42	碲	Te	52	127.6
磷	P	15	30.9738	铽	Tb	65	158.9253
铂	Pt	78	195.08	铊	Tl	81	204.3833
钚	Pu	94	（244）	钍	Th	90	232.0381
钋	Po	84	（209）	铥	Tm	69	168.9342
钾	K	19	39.0938	锡	Sn	50	118.711
镨	Pr	59	140.908	钛	Ti	22	47.867
钷	Pm	61	（145）	钨	W	74	183.84
镤	Pa	91	231.036	鎶	Cn	112	（277）
镭	Ra	88	（226）	铀	U	92	238.0289
氡	Rn	86	（222）	钒	V	23	50.9415
铼	Re	75	186.207	氙	Xe	54	131.29
铑	Rh	45	102.9055	镱	Yb	70	173.04
𬬭	Rg	111	（272）	钇	Y	39	88.906
铷	Rb	37	85.4678	锌	Zn	30	65.409
钌	Ru	44	101.07	锆	Zr	40	91.224

附录四　术语定义

锕系元素　从锕元素（原子序数 89）开始，到锘元素（原子序数 102）结束。

炼金术　古代世界中化学与哲学的结合产生了炼金术。它的主要目标是将金属转化为黄金，并且寻找到能够治愈疾病和延长寿命的化学药水。

碱金属　元素周期表中第 1 族包含的元素

碱土金　元素周期表中第 2 族包含的元素。

合金　两种或两种以上金属的混合物，或者是金属与非金属的混合物。合金具有不同于金属或非金属的特性。

汞合金　汞与另一种或多种金属的合金。

原子　元素中具有该元素所有属性的最小构成部分。原子包含电子、质子和原子核里的中子。

原子序数　一个原子核中包含的质子数。

原子量　一个原子核中所能发现的所有质子和中子的重量。在元素周期表中写在元素小方格中的原子质量是每个元素所有自然产生的同位素的平均质量。

BCNO　元素周期表第 13 至 16 族元素的名称。这一名称取自这些族中第一个元素的首字母：硼（boron）、碳（carbon）、氮（nitrogen）和氧（oxygen）。

玻色-爱因斯坦凝聚态　一种不同于固体、液体或气体的物质状态。当单个原子冷却到接近绝对零度时，所有原子的量子态都束聚于一个单一的量子态，表现为单个大型的"超级原子"。

巴基球　一种非常稳定的分子，由 60 个呈足球状排列的碳原子组成，常用于纳米技术的应用中。这些分子的正式名称是巴克明斯特富勒烯。

电容器　由两个彼此靠近放置的导电物体组成的装置，用来存储电荷。

碳水化合物　一种由碳、氢和氧组成的有机化合物，例如糖和淀粉，是动物的主要能量来源。

催化剂　任何用于改变或加速化学反应且本身在反应过程中不会发生改变或被破坏的物质。

化合物　由两种或多种元素化学结合而成的物质。所得化合物具有与元素本身不同的化学性质。

导体　一种元素或化合物，电流和热量可以在其中自由流动。

腐蚀　物质（特别是金属）由于化学反应而发生损坏。由铁、水和氧气反应引发的生锈是一种常见的腐蚀类型。

***D* 区**　元素周期表中包含第 3 族至 12 族过渡金属元素的部分。该块以包含元素价电子的 *d* 轨道命名。

干燥剂　一种能吸收水分子并用于干燥其他材料的化学物质。

DNA　一种非常长的大分子，携带着所有生物的遗传信息。它是脱氧核糖核酸的缩写。

电子　带负电荷的微小粒子，围绕原子核运动。

电子壳　电子在原子核周围移动的空间，有时也被称为轨道或能级。

元素　原子核中具有特定数量质子的物质的原子，不能再分解成两种或更多种不同物质的最小物质组成部分。

侵蚀　在水、风或冰的作用下，土壤、沙土或岩石逐渐磨损的过程。

嗜极生物　一种生活在极端条件下（例如，极高或极低温度下、极高或极低气压中、或含有高浓度化学物质的环境下）

的动物，通常是单细胞细菌。

F区 元素周期表中包括镧系元素和锕系元素的部分。这一区块根据包含元素价电子的 f 轨道命名。

裂变 一个原子的原子核分裂成几个较轻的原子核，并在其间释放出大量能量的过程。

燃料电池 一种通过将液态氢一类的燃料与氧气结合来产生能量（通常是电能）的装置。

聚变 较轻原子的原子核结合在一起形成较重原子的原子核并释放大量能量的过程。

气体 一种物质形式，其中粒子可以自由移动并可以膨胀以适应其容器的尺寸和形状。

族 元素周期表中 18 个垂直列中的一列。同一族中的元素通常（但并非总是）具有类似的特性。

半衰期 放射性物质样品中半数原子分解或衰变所需的时间。

卤素 元素周期表第 17 族中的元素。

碳氢化合物 任何一种只含有氢和碳的化合物。最为人所知的碳氢化合物是包含石油和天然气在内的燃料。

假设 对可以通过进一步研究检验的科学问题或观察结果的临时性解释。

绝缘体 电和热不能自由传导的元素或化合物。

离子 具有额外或缺失电子的原子或原子团。额外的电子使原子带负电荷，而缺失的电子则使原子带正电荷。

虹彩 柔和明亮的彩虹色显示，可能会随时间，或视光线和视角的变化而变化。

稳定岛 一种可能存在的转移元素的群体。这些元素原子核中的质子和中子数量使得其原子核比其他已知的转移元素稳定得多。

同位素 由于原子核中的中子数不同而具有不同原子量的同一元素的原子。

镧系元素 从镧（原子序数 57）到镥（原子序数 70）。

液体 一种物质形式，其中粒子的运动不如在气体中自由，但比在固体中自由。液体可以改变它们的形状以适应任何容器，但不能膨胀以填充容器。

质量 物质数量的量度。质量的测量在宇宙中的任何地方都是相同的，而重量的测量取决于引力。

物质 任何有质量并占据空间的东西，无论它位于宇宙中的何方。

金属 一种容易导热和导电的元素，具有高沸点和熔化温度，并倾向于在化学反应中放弃电子。

类金属 一种兼具金属和非金属特性的元素，有时也被称为半导体。

稀土金属 镧系元素和铁的人造混合物，敲击或摩擦时很容易产生火花。

分子 一组通过化学键连接的原子。

纳米粒子 一种单一元素或化合物的粒子，其大小以纳米或十亿分之一米为单位进行测量。

中子 一种没有电荷的物质粒子，与质子结合形成原子核。

惰性气体 元素周期表第 18 族中的元素。

非金属 一种不容易导热和导电的元素，倾向于在化学反应中获得或共享电子。

核 原子的中心，由质子和中子组成，占原子质量的大部分。

轨道 电子壳层中电子所遵循的路径或能级。

矿石 可以出售或交易的含有金属的岩石或矿物。

有机的 一种含有碳的化合物，通常用于描述植物和动物一类的生物。

臭氧 一种由三个氧原子组成的不稳定的氧分子。地球大气层所收集的臭氧保护地球免受太阳紫外线的照射。

***p*区** 元素周期表中包括卤素和稀有气体的部分。这一区块根据包含元素价电子的 *p* 轨道命名。

周期 元素周期表中七个水平的行。周期反映了电子在原子核外壳中的添加情况。

周期性 特定时间后，或者特定的空间距离后所重复发生的。

元素周期表 通过在周期和族中增加原子序数来排列所有元素，以此表明了元素们的重复性。

极化 改变光波的振动，使光波的方向从原始方向发生改变。

贫金属 BCNO 族中的类金属元素。贫金属的作用与金属相似，比过渡金属活泼，但不如碱金属和碱土金属活泼。

质子 一种带正电荷的物质粒子，它与中子结合形成原子核。

烟火师 受过专业训练，进行设计、制造和引爆烟花和照明弹的专家。

放射性 原子核破裂或衰变所释放的能量。

反应 涉及两种或多种元素或化合物的化学变化过程。反应过程中可以结合、交换或分解所涉及的元素或化合物。

精炼 使物质达到纯净状态，在过程中去除不纯或额外的部分。

反射 光线遇见物体表面发生弯曲或被推回的现象。

***S*区** 元素周期表中包含碱金属和碱土金属的部分。该块以包含元素价电子的 *s* 轨道命名。

半导体 一种元素或化合物，其导电性能优于绝缘体（非金属），但不如导体（金属）。半导体中的电流可以随着温度的变化或其他材料的添加而改变。

烟雾 阳光与二氧化氮和碳氢化合物等化合物反应造成的空气污染，这些化合物通常是汽车尾气和燃煤发电厂等行业释放的气体产生的。

焊料 一种金属合金，可以被熔化并将其他金属件连接在一起，而无需熔化金属件整个金属结构。

固体 一种物质形式，其中的粒子被牢牢地固定在适当的位置。固体具有确定的质量，并且在不破坏该形状的情况下不能改变其形状以适合容器。

钢 一种金属合金，主要成分是铁，还含有一些碳。坚硬、耐用，并且能够被塑造成不同的形状。钢也有可能含有许多其他元素，包括镍、钴、锰和其他几种金属。

超导体 一种可以让电流自由流动而不会损失任何能量的材料。

超重元素 参见转移元素。

转移元素 原子序数大于 100 的元素，比如镄元素，有时被称为超重元素。

过渡金属 第 3 族至第 12 族和第 4 周期至第 7 周期的元素，不包括镧系元素和锕系元素。

超铀元素 具有比铀（原子序数为 92）更大原子序数的元素。

价电子 参与两种或多种元素之间反应的电子。价电子通常（但并非总是）位于原子核的最外层电子壳中。

价壳 价电子所在的电子壳。

蒸气 通常以液体或固体形式存在的物质的气体形式。

硫化 将硫磺添加到天然橡胶中使橡胶更硬、更耐用的过程。

关于作者

贝姬·哈姆（Becky Ham），亚利桑那大学人类学本科，纽约大学生物人类学博士。她曾在纽约大学担任人类学和大体解剖学课程的助教，并在美国、以色列和坦桑尼亚做过考古学和古生物学实地考察。她是健康促进中心和美国科学促进协会的科学撰稿人。她曾为《健康》杂志、发现网站（Discovery.com）和微软全国广播中心网站（MSNBC.com）等众多机构撰写有关科学和健康主题的文章，她也是美国化学学会会员小报《化学》（*Chemistry*）的定期撰稿人。